采油螺杆泵的仿真与模拟技术

韩传军　郑继鹏　胡　洋　著

科学出版社

北　京

内 容 简 介

本书基于采油螺杆泵的工作原理,对螺杆泵转子进行了运动特性分析,从运动学的角度探索了螺杆泵衬套和转子之间的相互作用;完成了转子和橡胶衬套间的摩擦磨损试验,分析了橡胶磨损的影响因素和衬套表面损伤机理;通过橡胶材料的拉伸试验,分析了环境温度对橡胶材料性能的影响,并依据试验数据,确定了不同采油环境温度下的橡胶本构模型常数;采用有限元法对比分析了常规衬套和等壁厚衬套在初始装配工况下的密封性能、均匀压力作用下的变形规律、压差作用下的磨损情况,热源作用下的热膨胀行为。

本书可为采油螺杆泵的设计、评价、维修、现场使用和选型提供帮助,可作为机械工程、石油工程、过程装备与控制工程等专业本科生和研究生的参考用书,也可为石油矿场机械设计制造、安全评价和运维管理等领域的技术人员提供参考。

图书在版编目(CIP)数据

采油螺杆泵的仿真与模拟技术 / 韩传军, 郑继鹏, 胡洋著. — 北京:
科学出版社, 2021.10
ISBN 978-7-03-069692-2

Ⅰ. ①采… Ⅱ. ①韩… ②郑… ③胡… Ⅲ. ①螺杆泵-机械采油-仿真-模拟-研究 Ⅳ. ①TE355.5

中国版本图书馆 CIP 数据核字 (2021) 第 180556 号

责任编辑:侯若男 / 责任校对:彭 映
责任印制:罗 科 / 封面设计:墨创文化

科学出版社 出版

北京东黄城根北街16号
邮政编码:100717
http://www.sciencep.com

成都锦瑞印刷有限责任公司 印刷
科学出版社发行 各地新华书店经销

＊

2021 年 10 月第 一 版   开本:787×1092 1/16
2021 年 10 月第一次印刷   印张:7 1/2
字数:178 000

定价:108.00 元
(如有印装质量问题,我社负责调换)

前　言

　　石油是工业的血液，随着社会的进步和石油工业的不断发展，人类所需求的石油资源量逐渐增大，大量的原油被开采，常规原油资源逐渐减少。为了提高能源利用效率，缓解常规原油短缺的现状，我国的油气资源勘探开发工作已经由内陆逐渐转向沙漠、深海，由浅层常规原油资源向深地层稠油资源推进。我国海上稠油资源丰富，分布广泛，经济、高效地对稠油资源进行开采不但能够缓解我国常规原油短缺的现状，还具有重要的现实和战略意义。

　　目前，热采是稠油田开采最有效的方式，螺杆泵技术是稠油开采中比较理想的井筒举升方式，其在高黏度、高含气比和高含砂井开采方面具有优势，具有灵活可靠、抗腐蚀以及容积效率高等优点，越来越受到各大油气田的重视。自 20 世纪 20 年代中期法国科学家发明了螺杆泵后，各大企业大力生产制造螺杆泵，螺杆泵在涉及固态或稠油液态物料输送的行业发挥着重要作用，如石油、化工、煤炭、机械制造、污水处理等，并在石油、化工领域作为地面传输设备使用超过 50 年。但井下的高温高压环境以及定转子之间的大摩擦扭矩等都会对螺杆泵的使用性能造成损伤，严重影响其工作效率和使用寿命。因此，保障螺杆泵的安全性、提高其可靠性是稠油开发的重要环节。采用理论分析、试验分析和数值仿真分析相结合的方法，探究螺杆泵损伤及失效机理，提高其使用寿命，从而研制出具有国际竞争力的长寿命、耐高温、高效率螺杆泵，有利于进一步推动我国稠油资源勘探开发的快速发展。

　　本书大部分内容为作者的理论和实验研究成果，同时参考了国内外关于螺杆泵研究的部分成果。本书共分为 10 章：第 1 章为绪论，介绍螺杆泵的使用背景、结构特点、工作原理、分类及螺杆泵发展；第 2 章为螺杆泵的运动学分析，介绍螺杆泵的螺杆型线方程、运动学模型、运动学仿真分析及结构参数对运动特性的影响；第 3 章为高温稠油中橡胶单轴拉伸试验，介绍在高温稠油环境中，螺杆衬套用橡胶材料的力学性能，并对橡胶的本构模型进行了确定；第 4 章为螺杆泵定转子摩擦磨损试验，介绍载荷、转速、含砂量等因素对橡胶磨损的影响，探究了衬套表面损伤机理；第 5 章为螺杆泵定子衬套有限元模型，介绍有限元模型的建立方法并对初始装配时螺杆泵的密封性能进行分析；第 6 章为螺杆泵定子衬套磨损分析，介绍了常规厚螺杆泵和等壁厚螺杆泵的定子衬套磨损影响因素；第 7 章为螺杆泵定子衬套力学性能分析，介绍非均匀内压作用和均匀内压作用下螺杆泵衬套的稳定性能及其影响因素，并对热源作用下的橡胶衬套热膨胀进行了分析；第 8 章为定子衬套生热过程及热积聚效应试验，介绍螺杆泵定子橡胶衬套的生热过程及热积聚效应，并分析转子转速对定子橡胶衬套温升的影响规律；第 9 章为螺杆泵热力耦合场分析，介绍环境温度、转子转速、过盈量、摩擦因数、衬套类型、橡胶硬度、泊松比及工作压差等因素对橡胶衬套温升、热应力和位移的影响规律，与试验结果对比，总结出橡胶衬套的热失效机理；第 10 章为结论。

由于作者学识有限，书中难免有不完善之处，恳请读者批评指正，以期促进国产螺杆泵研究的深入和发展，为现场采油螺杆泵的使用和选型提供帮助。感谢西南石油大学能源装备研究院的各位老师、研究生在本书成稿过程中提供的帮助；感谢国家自然科学基金委员会面上项目"海洋稠油热采电潜螺杆泵损伤与失效机理"(51474180)的资助。

韩传军

2021 年 3 月 6 日

目　录

第1章 绪 论

石油作为世界的主要能源和重要战略物资，在各国经济、政治、军事生活中占据重要的地位[1]。自 20 世纪下半叶以来，随着世界经济的快速发展，人类对石油资源的需求呈现井喷式增长，石油工业的发展备受各国重视。我国作为发展中大国，高速发展的经济体系对石油资源的需求日益增大，大量原油被开采，常规原油资源逐渐减少，油田开采中的高含砂井、稠油井、含气井逐渐增多，开发难度加大[2]。为了提高能源利用效率，缓解常规原油短缺的现状，我国的油气资源勘探开发工作已经由内陆逐渐转向沙漠、深海，由浅层常规原油资源向深地层稠油资源推进。

1.1 研 究 背 景

我国的稠油资源丰富且分布广泛，海上油田稠油储量占总地质储量的 69%以上，主要分布在我国的渤海湾、东海、南海西部和南海东部等地区[3,4]。其中，渤海地区储量相对较多，已探明原油地质储量约为 45 亿 m^3，稠油占比为 62%[5]。稠油资源是 21 世纪的重要能源，因此，合理、经济、有效地开采海洋稠油资源，不但能够缓解我国常规原油短缺的现状，还具有重要的现实和战略意义[6]。

如图 1-1 所示，现阶段稠油开采最有效的方法是热力采油，其原理是通过加热降低稠油黏度，改善稠油流动性，提高稠油波及系数[7]。常用的稠油热采方法有蒸汽吞吐、蒸汽驱、蒸汽辅助重力泄油、火烧油层、注热水采油、电加热等技术[8]。然而，由于受到环境条件、作业空间、操作成本等因素的影响，陆地油田常规热采开发方式和工艺技术在海上稠油的开采应用中受到极大限制，致使其开采难度远远高于陆上[9]。如何低成本并高效地开发这些稠油资源已成为我国石油工业当前面临的严峻挑战[10]。

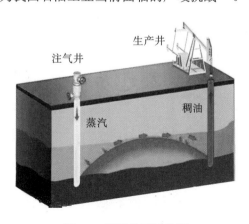

图 1-1 稠油热采示意图

油田开采所使用的机械采油方式主要是杆式泵和电潜离心泵，但随着斜井、水平井及定向井等新技术的应用，稠油井及高含砂、含气井增多，使得现在所使用的杆式泵和电潜离心泵面临诸多问题，如杆式泵的光杆、下行困难和砂卡等现象，电潜离心泵在含气比高的稠油开采中，出现叶片汽蚀现象严重等问题[11]。这些问题的出现使杆式泵和电潜离心泵使用寿命缩短，开采效率降低，开发成本增高，不能满足行业的发展要求。

螺杆泵(progressive cavity pump，PCP)作为一种机械采油设备，具有其他抽油设备所不能替代的优越性[11,12]。螺杆泵工作时仅靠自身定子衬套和转子形成的螺旋密封腔室的体积连续变化来实现液体的抽吸[13]。因其具有能耗低、初始投资小的技术优势以及自吸性能好、流量平稳等离心泵和容积泵的优点，在一般原油井的生产和高黏度、高含砂的稠油井的生产中得到了广泛应用，并且取得了明显的经济效益[14,15]。

目前，广泛应用于国内外各大油田的螺杆泵采油系统主要有两种：一种是地面驱动螺杆泵采油系统，如图1-2所示；另一种是电动潜油螺杆泵(electrical submersible-motor-driven progressive cavity pump，ESPCP，后文简称螺杆泵)采油系统，如图1-3所示。地面驱动螺杆泵主要采用地面机械驱动方式，通过抽油杆作为挠性轴把动力传递到井下驱动单螺杆泵工作[16]。这种工作方式的缺陷是，抽油杆在不断地扭转下容易出现丝扣损坏、接箍松脱，甚至断杆等故障，特别是在下泵较深、负荷较大的井中更为严重。另外，在斜井、水平井、定向井的开采中，抽油杆损坏和抽油杆与油管偏磨会造成漏失问题。

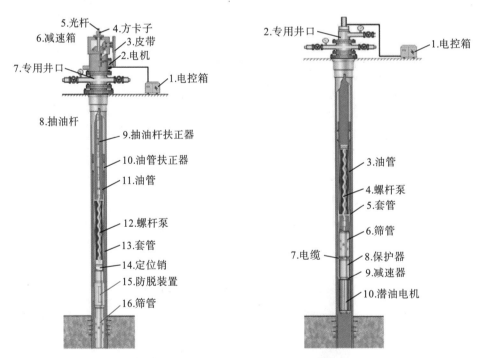

图1-2　地面驱动螺杆泵采油示意图　　图1-3　电动潜油螺杆泵采油示意图

螺杆泵采油系统与地面驱动螺杆泵采油系统属于同一个家族，二者的区别在于螺杆泵的动力系统从地面移至井下，同时省去了抽油杆及其配套装置，所以整个系统的组成结构较地面驱动型螺杆泵更加简单，能够彻底解决因存在抽油杆而带来的脱扣、断杆及偏磨等问题，同时减少了抽油杆传递的功率损耗。螺杆泵采油系统可以分成动力系统、传动系统、执行系统、控制系统、配套工具以及井下管柱 6 个部分[17]。井下机组部分是整个系统的主要机组，由螺杆泵、保护器、减速器和潜油电机组成。螺杆泵动力系统通过地面控制端经潜油电缆将原动力传送至潜油电机，潜油电机旋转驱动螺杆泵工作，原油随着螺杆腔室的运动不断从井下深处输运到地面，从而实现举升功能。由于螺杆泵结合了螺杆泵和电潜离心泵的优点和长处，因此能有效解决存在于斜井、水平井、定向井和深井中的原油举升难题，而且比杆式泵和电潜离心泵更为经济和高效，更适用于海上油田生产[18,19]。

尽管螺杆泵的优点很多，但在采油的可靠性、稳定性及配套工艺技术的完善程度方面还存在许多不足。现场数据的统计分析表明，在实际使用过程中，橡胶衬套的先期损坏(图 1-4)是影响螺杆泵使用寿命和工作性能的主要原因之一。目前，在稠油热采中使用螺杆泵存在的主要问题如下：

(1)井底高温环境、定转子之间的大摩擦扭矩等导致定子橡胶温升过快或散热不均，容易引起脱胶、橡胶断裂、橡胶溶胀卡泵和烧泵等事故[20]；

(2)产液中含砂量高、粒径大容易引起螺杆泵定子、转子的磨损；

(3)螺杆泵转子做偏心行星运动，会引起一定的震动，井下机组结构复杂、工作环境恶劣，使得整个机组综合故障率较高[21]。

(a)衬套脱胶   (b)衬套磨损

图 1-4   定子橡胶衬套损坏实物图

因此，深入探究稠油热采中螺杆泵的损伤机理，提高其使用寿命，从而研制出具有国际竞争力的长寿命、耐高温、高效率的螺杆泵，对于推动我国油气资源的开发具有重大的工程意义。

1.2   螺杆泵的结构特点及工作原理

1.2.1   内部结构

螺杆泵作为一种单螺杆式水利机械，是摆线内啮合螺旋齿轮副的一种应用[22]。螺杆泵的实物如图 1-5 所示。其主要工作部件是螺杆(转子)和定子衬套，螺杆和定子衬套是两个互相啮合的螺旋体，转子在定子衬套内部做行星运动。定子多是由丁腈橡胶硫化黏结在钢套内壁上形成的，螺杆转子多用合金钢材料制成，并且在精加工后的表面进行抛光和镀铬处理以提高螺杆强度和表面的光滑度[23]。

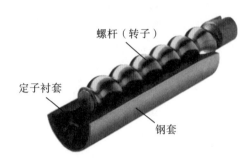

图 1-5 螺杆泵实物图

图 1-6 给出了螺杆的结构示意图。由图可知，螺杆的任意断面都是半径为 R 的圆，所有断面的中心 O_1 均位于螺旋线上且与螺杆本身的轴线 O_2-Z 相距一个偏心距 e，整个螺杆的形状可以看作由端部的一个半径为 R、圆心距轴线为 e 的极薄圆盘绕轴线 O_2-Z 做螺距为 t 的螺旋运动而形成的。

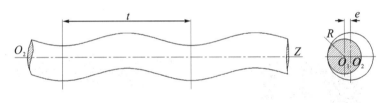

图 1-6 螺杆结构示意图

定子衬套的断面内轮廓是由长度为 $4e$ 的两个直线段和半径为 R（等于螺杆断面直径）的两个半圆组成的，如图 1-7 所示。衬套的内表面是由上述断面绕衬套本身的轴线（也称作螺杆泵轴线）O-Z 做导程 $T=2t$ 的螺旋运动所形成的空间双线螺旋面。

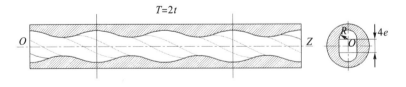

图 1-7 定子衬套结构示意图

1.2.2 工作原理

单螺杆泵属于转子式容积泵，螺杆是其主要的运动件。当螺杆泵输运油液时，螺杆相当于螺旋输送机的螺旋桨（图 1-8），密封腔室中的油液受到螺杆棱线转动时产生的推挤作用，将会沿着衬套轴线方向前移。

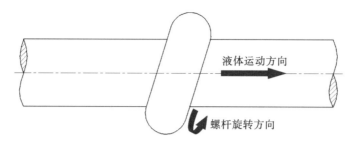

图 1-8 单螺杆泵的作用原理

为了便于理解，本书分别从静态和动态两个方面对螺杆泵的工作原理进行表达。图 1-9 上部展示了某一时刻，一个定子导程 T 内衬套-螺杆副所形成的密封腔沿衬套轴线方向的变化图。螺杆转子在衬套内部做行星运动时，同一时刻沿着衬套轴线 L 方向转子在衬套内部处于不同的位置，它们的接触点也是不同的。当且仅当螺杆断面位于定子衬套长圆形断面的两端(即 L 为 0、t 和 $2t$ 时)，二者的接触部分为半圆弧线，而在其他位置时，螺杆和衬套的接触部分仅有 a、b 两点。螺杆泵工作时，由于螺杆转子运动的连续性，在螺杆外表面和衬套内螺旋面的接触部位形成的接触点就构成了空间密封线，沿着螺杆泵轴线，二者间连续地啮合形成多个密封腔室。这些密封腔容积不变地做匀速轴向运动，被输运的油液从吸入端经衬套-螺杆副输送到压出端，流过密封腔室的油液在输运过程中不会受到搅动和破坏[23,24]。

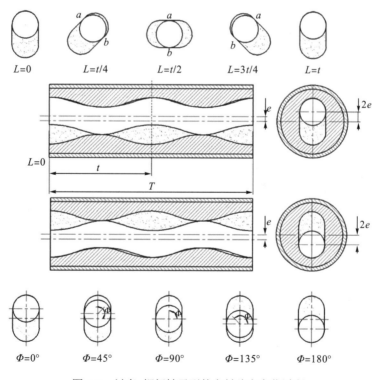

图 1-9 衬套-螺杆转子副的密封腔室变化过程

图 1-9 下部描述了螺杆旋转一周时,靠近吸入端的密封腔横截面内轮廓变化过程。螺杆转动角度 Φ 从 0°到 180°时,第一个腔室的容积逐渐增加,形成负压,在它和吸入端的压差作用下,油液被吸入第一个腔室,此时第一个腔室容积达到最大。随着螺杆的继续转动,即 Φ 从 180°到 360°时,这个充满油液的腔室开始封闭,并沿着衬套轴线方向将油液推压至排出端,与此同时,下部的密封腔室开始产生负压,吸入油液。随着螺杆在衬套中的持续转动,上下两个密封腔室交替循环地吸入和排出油液,并在螺杆泵轴线方向形成了稳定的环空螺旋流动,实现了机械能和液体能的相互转化,从而实现举升[25]。

1.2.3 螺杆泵的特点

从上述工作原理可以看出,螺杆泵有以下特点:
(1)压力和流量范围宽;
(2)运送液体的种类和黏度范围宽广;
(3)泵内的回转部件惯性力较低,可使用较高的转速;
(4)吸入性能好,具有自吸能力;
(5)流量均匀连续,振动小、噪声低;
(6)对流入的气体和污染物敏感性较低,对液体黏度变化敏感性较高;
(7)结构坚实,安装维护容易;
(8)螺杆加工和装配要求较高。

1.3 螺杆泵的分类

螺杆泵按螺杆数量分为 3 种类型:
(1)单螺杆泵,即单根螺杆在泵体的内螺纹槽中啮合转动的泵;
(2)双螺杆泵,即由两根螺杆相互啮合输送液体的泵;
(3)三螺杆泵,即由三根螺杆相互啮合输送液体的泵。
表 1-1 从螺杆泵的结构、特点、性能参数、应用场合 4 个方面详细分析了单螺杆泵、双螺杆泵、三螺杆泵之间的区别,以及各自的优缺点、应用场合。

表 1-1 3 种类型螺杆泵性能特点对比

类型	结构	特点	性能参数	应用场合
单螺杆泵	单头阳螺旋转子在特殊的双头阴螺旋定子内偏心地转动(定子是柔软的),能沿泵中心线来回摆动,与定子始终保持啮合	(1)可输送含固体颗粒的液体; (2)几乎可用于任何黏度的流体,尤其适用于高黏性和非牛顿流体; (3)工作温度受定子材料限制	流量可达 150m³/h,压力可达 20MPa	用于糖蜜、果肉、淀粉糊、巧克力浆、油漆、柏油、石蜡、润滑脂、泥浆、黏土、陶土等
双螺杆泵	有两根同样大小的螺杆轴,一根为主动轴,一根为从动轴,通过齿轮传动达到同步旋转	(1)螺杆与泵体,以及螺杆之间保持 0.05~0.15mm 间隙,磨损小,寿命长; (2)填料箱只受吸入压力作用,	压力一般约为 1.4MPa,对于黏性液体最大为 7 MPa,黏度不高的液体可达 3 MPa,流量一般	用于润滑油、润滑脂、原油、柏油、燃料油及其他高黏性油

续表

类型	结构	特点	性能参数	应用场合
		泄漏量少； (3) 与三螺杆泵相比，对杂质不敏感	为 6～600m³/h，最大为 1600 m³/h，液体黏度不得大于 1500mm²/s	
三螺杆泵	由一根主动螺杆和两根与之相啮合的从动螺杆构成	(1) 主动螺杆直接驱动从动螺杆，无须齿轮传动，结构简单； (2) 泵体本身即作为螺杆的轴承，无须再安装径向轴承； (3) 螺杆不承受弯曲载荷，可以制得很长，因此可获得高压力； (4) 不宜输送含 600μm 以上固体杂质的液体； (5) 可高速运转，是一种小的大流量泵，容积效率高； (6) 填料箱仅与吸入压力相通，泄漏量少	压力可达 70 MPa，流量可达 2000m³/h，适用黏度为 5～250 mm²/s 的介质	用于输送润滑油、重油、轻油及原油等，也可用于甘油及黏胶等高黏性药液的输送和加压

1.4　螺杆泵的发展概述

1.4.1　国外发展

20 世纪 20 年代中期，法国科学家勒内·莫伊诺(Rene Moineau)发明了螺杆泵，并于 1930 年 5 月获得发明专利[26,27]。随后，英国 Moyno 泵业责任有限公司、法国 PCM 泵业公司和美国 Kois & Myers 公司优先得到该专利授权，生产制造螺杆泵。在随后的几年里，国外一些小公司也很快生产制造出了基于莫伊诺原理的其他副产品设备，并在各个行业中得到广泛的应用[26]。目前螺杆泵在涉及固态或稠油液态物料输送的行业发挥着重要作用，如石油、化工、煤炭、机械制造、污水处理等，并在石油化工领域作为地面传输设备的使用历史超过 50 年。

20 世纪 80 年代初期，美国 Kois & Myers 公司率先在石油行业中将莫伊诺原理应用到人工举升技术上，并成为首批采油螺杆泵制造商，将螺杆泵作为一种新型人工举升技术推广到市场上[28]。螺杆泵在高黏度稠油和高含砂油井的开采工作中体现出自身的独特性能；同其他无杆设备相比，螺杆泵具有结构简单、容易制造、维修方便、便于运输等优点[29]。在螺杆泵体现出其在油田开采工作中的良好性能后，世界各国开始关注并研究这类人工举升设备，并结合自身地区油气藏的储藏结构，设计出符合本地区的人工举升设备[30,31]。

苏联在 20 世纪 50 年代末研发出井下电动螺杆泵采油系统，并研制出三螺杆泵，其具有大排量、高扬程等优点，适用于深井油田的开采作业。在此基础上，苏联又对此采油系统进行了深入的研究和改进工作，于 1973 年研制了大排量、高扬程且适宜深井开采的电驱动单螺杆泵采油系统。目前，井下电驱动螺杆泵采油系统已发展为单头、双头和三头螺杆 3 种类型[27,28,32]。

20 世纪 80 年代，美国、法国和加拿大等发达国家开始重视电动潜油螺杆泵的研发和创新工作，其研制出的螺杆泵被应用于稠油井、高含砂井和定向井的开采中，进行原油生产工作，均取得了良好效果[30,33,34]。1992 年，美国 Baker Centrilift-Hughes 与一家以齿轮设计为专长的公司合作，设计出了 ESPCP 系统，将传动比为 9∶1 的减速器安装在电动机和保护器上，并采用挠性轴，成功进行了长达 9 个月的生产试验，能应用在高含砂和含气井中，形成了系列产品。1994 年美国 Reda 公司与法国一家公司合作研发了潜油螺杆泵采油系统，实现了调速、平衡压力、清砂、防井液进入减速器等功能，目前在加拿大油井中运行的设备数量不低于 20 套[35]。

法国 PCM OIL & GAS 公司的潜油螺杆泵采油系统，主要采用串联和并联的方式予以实现，其主要方法是将 4 个相同尺寸的螺杆泵通过串联或者将上下两组左右旋单螺杆泵并联。加拿大 Corod 公司研发了两种类型的潜油驱动螺杆泵采油系统，分别是潜油电驱动螺杆泵采油系统和井下液压驱动螺杆泵采油系统。前者采用变频调速，可以改变电机转速，使螺杆泵处于最佳工作状态，工作效率达到最高；后者采用电机驱动液压泵的方式，促使液压泵产生相应的压力和一定排量的液体，一定排量的液体经过管线被输送到井下液压马达位置，进而驱动螺杆泵实现原油的举升，可以依据实际工况及需要，合理调节原油产出量[36]。加拿大 CAN-K Process & Mining Equipment ltd 公司研发出了井下全金属双螺杆多相泵，采用多模块组装配合的方式来满足实际工程的要求，同时采用机械密封和改进材料的方法，使其能够被应用到深井高温油田的开采中。

目前，Schlumberger 和 Centrilift 公司都拥有较为成熟的配套工艺和选井选泵软件，它们代表了目前机械采油人工举升设备的最高水平。

1.4.2 国内发展

国内螺杆泵的发展起步相比国外较晚，主要原因是受到设计水平、材料性能和制造工艺水平等因素的限制。20 世纪 60 年代初期，天津市工业泵厂(现天津泵业机械集团有限公司)成功地研制出了高压小流量三螺杆泵并得以应用。1984 年，该厂与德国阿尔维勒公司签订三螺杆泵制造技术转让合同，开始批量化生产三头螺杆泵；在 1992 年与又与德国鲍曼公司签订单、双螺杆泵制造技术合同[37]。

随着石油工业的快速发展，螺杆泵的需求量逐渐增大，同时伴随着国外技术的引进，国内各石油高校和油田开采单位开始合作对螺杆泵采油技术以及螺杆泵进行深入研究，并进行相应的室内和现场实验研究[30]。

从 1973 年开始，我国先后有多家单位和公司对潜油螺杆泵系统进行研究、试制，并将其应用到实际工程中。1989 年，中国石油大学万邦烈教授设计了电动潜油单螺杆泵，在胜利油田先河采油厂一口从未采出过具有工业开采价值原油的死井进行试验，此井产量低，且原油黏稠度高，电潜单螺杆泵下井开机后保持恒定转速工作，连续工作 2 天后定子橡胶脱落，螺杆泵失效。此次试验失败的主要原因是泵内电机转速过高，没有相应的转速调节装置，加工工艺不成熟，使其在高转速下失效损坏[38,39]。

1998 年，沈阳工业大学与辽河油田钻采工艺研究所共同合作，自行研制开发并成功试验了我国第一台潜油螺杆泵采油系统，这套潜油螺杆泵采油系统与美国 BAKER-HUGHES 公司的产品结构基本相似[30,40]，并在辽河曙光油田和海外滩海油田应用 4 口井 5 井次，取得良好的采油效果。为满足海上稠油含砂井的人工举升要求，中国海洋石油集团有限公司(简称中海油)研究总院开发了低转速大排量电动潜油螺杆泵采油系统,现场试验的平均运行周期达 331 天。螺杆泵地面端以及采油原理如图 1-10 所示。

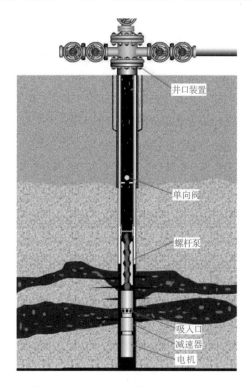

井口装置

单向阀

螺杆泵

吸入口
减速器
电机

图 1-10 螺杆泵地面端以及采油原理图

重庆虎溪电机厂于 1999 年 10 月成功研制出螺杆泵机组,并在中原油田采油三厂进行试运行。从 2007 年起,辽河油田曙光采油厂的工程技术人员与法国 PCM 公司的专家展开合作,对螺杆泵用定子橡胶进行配方改进,于 2008 年生产出大排量、高扬程的 300TP2400 型螺杆泵(法国 PCM 公司生产),并在辽河油田双北 2545 井首次投入应用。2008 年 3 月 21 日,潜山曙 1-39-036 井进行了辽河油区第一次高温采油技术试验,测试油层中部温度为 192℃,生产首日产液 27t,泵效为 67.5%,生产正常。

2009 年 7 月,在辽河油田曙光采油厂曙 1-040-040 井,全金属螺杆泵采油技术试验顺利完成,将传统螺杆泵的耐温极限从 150℃提高到 400℃;同年,中海油利用多元热流体注入技术和螺杆泵人工举升技术,在渤海合作区内 PLA 稠油区块内进行稠油开采,最终实现了 150%的增产(50℃时原油密度为 977.8kg/m^3、黏度为 11313mPa·s)。

2010 年 5 月,胜利油田孤岛采油厂 GDN24X503 井下入的耐 200℃高温的螺杆泵,日产液 17m^3,日产油 9.1t。这是胜利油田首次注气后下入耐 200℃高温的稠油螺杆泵并取得成功,定子橡胶采用氟橡胶,耐温可达 204℃。

2013 年 9 月,由辽河油田曙光采油厂生产的高温螺杆泵在曙光稠油蒸汽吞吐井平稳生产 35 天,经受住稠油热采工况下泵初期 170℃高温的考验,标志着我国自行生产的高温螺杆泵在辽河油田稠油井的开采试验中获得成功。

近几年，随着研发技术水平的提高，加之新工艺、新材料的不断涌现，螺杆泵的泵体技术有了较快发展[41,42]。例如，采用金属定子可以降低启动扭矩、减小泵体体积、提高扬程和机械效率，且能降低老化、温胀和疲劳温升，适用于高温环境；利用合成材料将一层聚氨酯覆盖在转子表面，可以增强衬套的抗磨蚀性能[43]；将常规定子衬套改为等壁厚结构，可以改善衬套散热性能、减少泵的级数和定转子间的过盈量、提高采油效率，同时泵运转时具有更好的力学性能，泵的使用周期更长；设计中空转子结构可以减轻泵体重量、节约材料、提供加药、热洗及压力测试通道，降低了井下泵故障率；采用多头螺杆泵，可以提高扬程、降低转速、增大排量、提高泵效及延长寿命[44]。

1.4.3　研究现状

螺杆泵的工作寿命很大程度上取决于定子衬套材料的性能。定子衬套采用橡胶制成，橡胶材料性能受到多种因素的影响，如环境温度、H_2S、芳香族化合物等，这些因素的综合作用会破坏定子橡胶材料的力学、物理、化学等性能，造成螺杆泵定子橡胶的过早磨损、失效。因此，深入研究不同工况下的定子衬套材料是提高采油螺杆泵力学性能和工作寿命的关键[45]。国内外学者从橡胶配方入手对橡胶材料的性能进行了诸多研究，目前常用于制作定子衬套的橡胶材料主要有以下几种[46,47]。

(1)丁腈橡胶(nitrile butadiene rubber，NBR)。丁腈橡胶由于价格低廉、性能优异，是用途最广、成本最低的橡胶材料。目前国内常用的定子橡胶材料是以丁腈橡胶为主。丁腈橡胶耐热性好，耐磨耐水性等均较好，黏结能力强。缺点是不适合在较低温度下使用，一般的使用范围约为-30～100℃，耐寒及耐臭氧性较差，耐酸性也较差，因此对使用环境要求较高，无法适应各种油井的生产，大大缩小了螺杆泵的工作范围。

(2)羧基丁腈橡胶。羧基丁腈橡胶在磨损时有较高的弹性，压缩时永久变形量小，并且耐磨、耐油、耐水溶胀性能较好，缺点是软化点低、不耐高温，一般仅能在 30～50℃的浅井中使用。浅井可以有效地避免温度对橡胶材料性能的影响，过高的温度会降低橡胶的耐磨损、抗疲劳、抗老化等性能。

(3)丁腈橡胶与聚氯乙烯的共混胶。丁腈橡胶与聚氯乙烯的共混胶具有较好的耐磨、耐水、耐油、耐腐蚀性溶剂等性能，并且它的尺寸稳定、挤出性能较好，有利于控制定转子间的配合。这种共混胶的总体性能相比丁腈橡胶有了很大的提升，可使用在温度高达80～120℃、压力为 25～35MPa 的油井中。

(4)氢化丁腈橡胶(hydrogenated nitrile butadiene rubber，HNBR)。氢化丁腈橡胶是通过部分或全部氢化 NBR 的丁二烯中的双键而得到的一种高度饱和的弹性体，其特点是机械强度和耐磨性高，同时对芳香系溶剂、润滑油、燃料油等耐抗性良好。由于其高度饱和的结构，氢化丁腈橡胶具有优异的耐臭氧性能，优良的耐化学腐蚀性能(对酸、碱、氟利昂都具有良好的抗耐性)，良好的耐温性能(耐高温性为 130～180℃，耐寒性为-55～-38℃)，较高的抗压缩永久变形性能，是综合性能极为出色的橡胶之一[48]。但由于其成本较高，目前在采油螺杆泵领域中还没有得到普及。

橡胶衬套作为螺杆泵的主要组成部件，衬套的结构和材料的性能直接影响着螺杆泵的工作效率和使用寿命。由于直接测试实际工作中的定子橡胶受力状态和变形情况是极其困难的，所以利用数值仿真研究定子衬套的力学性能成为一种有益的尝试，大量学者采用这种方法对不同工况、不同结构、不同材料的螺杆泵橡胶衬套进行了仿真研究。

　　例如，韩传军等基于传热学原理，运用有限元法对橡胶衬套进行热力耦合，研究衬套温升的物理机理，并分析了摩擦因数、工作压力、工作转速等因素对橡胶衬套温升的影响规律[49,50]；Zhou 等采用三维有限元模型，研究了定子和转子系统的动力学，表明偏心距和定子厚度是影响螺杆泵负载的两个主要因素[51]；Chen 等通过建立衬套和钢套间的黏合模型，研究了橡胶附着率、压差、弹性模量等因素对衬套黏结强度和黏着磨损的影响[52]；杨秀萍和郭津津通过数值模拟研究了单头等壁厚螺杆泵定子衬套的脱胶和磨损情况，得出了衬套在不同接触位置时的应力分布情况[53]；操建平等通过分析螺杆泵定转子间的运动规律得出转子处在定子中间时磨损最为严重[54]；金红杰等应用结构力学和流体动力学对螺杆泵系统进行了三维数值模拟，提出一种新的解释螺杆泵漏失和磨损的力学机理，首次实现了螺杆泵系统的单向流固耦合[55]；曹刚等利用 ABAQUS 有限元分析软件建立了螺杆泵定子的热力耦合模型，讨论了定子橡胶材料温度变化的物理机理[56]。

　　以上学者对衬套性能以及损伤机理的研究仅针对常温条件和常规原油，未考虑井下温度、稠油成分和含砂量对定转子间的接触条件以及橡胶材料性能的影响，同时缺乏相应的试验研究，特别是高温稠油环境下的试验研究。

第2章 螺杆泵的运动学分析

采油螺杆泵的主要组成部件为螺杆转子和橡胶定子，利用啮合原理，螺杆转子在定子衬套内部做行星运动，通过不断的运动实现对稠油的举升功能。本章通过对螺杆泵的运动学分析，完成螺杆泵定转子型线方程的推导以及建模工作，为后期摩擦磨损试验和仿真分析做准备。

2.1　螺杆泵的螺杆型线方程

2.1.1　基本概念

螺杆泵的线型以摆线类为主，涉及普通内摆线等距线、短幅内摆线等距线、短幅外摆线等距线3种线型[57]。下面就摆线的形成和一些相关概念进行简单介绍。

半径为 R_2 的圆（以下简称圆 R_2，后同）沿着半径为 R_1 的圆内壁做相对纯滚动，则圆 R_2 平面上任意一点 P 在圆 R_1 平面上的轨迹称为摆线，这个任意点 P 称作动点或者发生点，圆 R_1、圆 R_2 分别称为导圆和滚圆。

根据滚圆和导圆所处的相对位置关系，摆线可分为内摆线和外摆线两种类型。滚圆位于导圆之内称作内摆线，滚圆位于导圆之外称作外摆线。图 2-1 是内摆线的形成原理图，当滚圆 R_2 绕导圆 R_1 做相对纯滚动时，圆 R_2 上的点 P 在圆 R_1 平面上的运动轨迹即为内摆线。

根据导圆的圆心是否包含在滚圆之内，可将摆线的形成方法分为包心法和无包心法两种。导圆的圆心在滚圆之外的称为无包心法，如图 2-1 所示；导圆的圆心在滚圆的圆周上或位于滚圆之内的称为包心法，如图 2-2 所示。同一条摆线既可由包心法形成，又可由无包心法形成，图 2-1 和图 2-2 表示的是同一条摆线的两种形成方法。

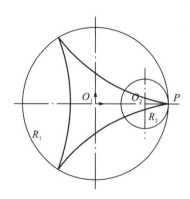
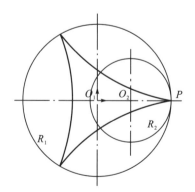

图 2-1　摆线的形成（无包心法）　　　　图 2-2　摆线的形成（包心法）

根据滚圆在导圆上的纯滚动原则，令摆线的变幅系数 $K=D/R_2$，其中 D 为动点 P 到滚圆圆心 O_2 的距离，也称动点距。对于内摆线，当 $0<K<1$ 时称为短幅内摆线；当 $K=1$ 时称为普通内摆线；当 $K>1$ 时称为长幅内摆线。

长幅内摆线因存在严重打扣现象，在工程中一般不用，而短幅外摆线做转子等距线型易破坏曲线圆滑性，外形参数取值受限。所以在双头单螺杆泵的设计中多采用普通内摆线等距线型和短幅内摆线等距线型，尤以普通内摆线等距线型应用频率最高[58]。普通内摆线等距线型是发展较早的一种线型，单头螺杆泵均采用这种线型构成。因此本书也选用工程中应用较为普遍的普通内摆线型螺杆泵为研究模型，下面介绍由该线型构成的定转子线型方程。

2.1.2　定转子骨线方程

1. 转子骨线方程

研究普通内摆线线型主要在复平面柱坐标系中进行，转子骨线的形成如图 2-3 所示。其中，滚圆半径为 1，即摆线为单位摆线，无包心法导圆半径为 N，θ 表示导圆滚角，φ 表示滚圆滚角，因此，转子骨线在复平面坐标系中的矢量方程为

$$\boldsymbol{R}^0(\theta) = ne^{j\theta} - e^{-jn\theta} \tag{2-1}$$

其中，$n = N-1$；$0 \le \theta \le 2\pi$。

2. 定子衬套骨线方程

转子骨线按内滚法做行星运动(图 2-4)，即令 $R^0(\theta)$ 的包心法导圆 N 做瞬心圆，沿定瞬心圆做纯滚动，并且滚圆滚角为 φ，可以得出转子骨线的运动方程为

$$\boldsymbol{\rho}^0(\theta,\varphi) = (ne^{j\theta} + e^{-jn\theta})e^{-j\frac{\varphi}{N+1}} + e^{j\frac{N\varphi}{N+1}} \tag{2-2}$$

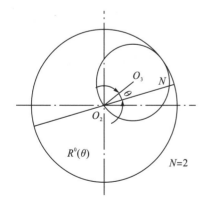

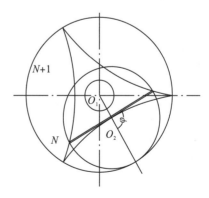

图 2-3　转子骨线形成图　　　　图 2-4　转子骨线运动及定子骨线形成图

因此，由此式求出 $\dfrac{\partial \boldsymbol{\rho}^0}{\partial \theta}$ 和 $\dfrac{\partial \boldsymbol{\rho}^0}{\partial \varphi}$ 的共轭复矢量，代入边界的必要条件：

$$Lm\left[\left(\frac{\partial \boldsymbol{\rho}^0}{\partial \theta}\right)^* \cdot \frac{\partial \boldsymbol{\rho}^0}{\partial \varphi}\right] = 0$$

化简可得

$$\sin N\theta - \sin(\theta - \varphi) - \sin(n\theta + \varphi) = 0$$

对此三角方程进行求解，可得出 3 个解：

$$\varphi_1 = -\theta + 2T\pi \ , \quad \varphi_2 = \theta - 2T\pi \ , \quad \theta = \frac{2T\pi}{N} \tag{2-3}$$

式中，T 的取值为 $0,1,2,\cdots,N{-}1$。

将 3 个解分别代入式(2-1)，可求得所对应的曲线，并判断其是否为所需要的定子骨线。

将式(2-3)中的 φ_2 代入式(2-2)可得

$$\boldsymbol{\rho}_1^0(\theta,\varphi) = \mathrm{e}^{\mathrm{j}\frac{2T\pi}{N+1}}\left[(n+1)\mathrm{e}^{\mathrm{j}\frac{N\theta}{N+1}} + \mathrm{e}^{-\mathrm{j}\frac{N^2\theta}{N+1}}\right] \tag{2-4}$$

式中，因子 $\mathrm{e}^{\mathrm{j}\frac{2T\pi}{N+1}}$ 的作用是把括号内的曲线依照 T 顺序取值而做等角速度旋转，但不改变曲线的形状，因此令 $T{=}0$，对式(2-4)进行化简可得

$$\boldsymbol{\rho}_1^0(\theta,\varphi) = N\mathrm{e}^{\mathrm{j}\alpha_1} + \mathrm{e}^{-\mathrm{j}N\alpha_1} \tag{2-5}$$

式中，$\alpha_1 = \dfrac{N}{N+1}\theta$，rad。

式(2-5)表示一条 $N{+}1$ 头的普通内摆线(即转子骨线做行星运动所形成的外包络线)。

将式(2-3)中的 θ 代入式(2-2)可得

$$\boldsymbol{\rho}_2^0(\theta,\ \varphi) = N\mathrm{e}^{\mathrm{j}\alpha_2} + \mathrm{e}^{-\mathrm{j}N\alpha_2} \tag{2-6}$$

式中，$\alpha_2 = -\dfrac{\varphi}{N+1}$，rad。

式(2-5)与式(2-6)实质上表示同一条曲线。因为 $\theta = 2T\pi/N$ 表示发生线的 N 个尖点，同时也是内滚法的滚圆上的 N 个等效动点。当圆 N 沿瞬心圆做纯滚动时，这 N 个等效动点也具有相同的轨迹，即按包心法原理生成的 $N{+}1$ 头普通内摆线。

转子在做行星运动的过程中，随着动瞬心圆的逆时针公转，由式(2-3)中的 φ_2 所确定的转子上对应点的轨迹就是定子骨线。在运动过程中，每一刻的 φ 都是唯一的，θ 随着 φ 的增大而增大，表示转子和定子的接触点沿着定子边界逆时针流动，称为流动接触点。

由 $\theta = 2T\pi/N$ 所导出的曲线方程式(2-6)表示转子骨线的 N 个尖点沿定子骨线顺时针滑动，这 N 个接触点相对于转子骨线是固定的，称为固定接触点。

将式中(2-3)中的 φ_1 代入式(2-2)可得

$$\boldsymbol{\rho}_3^0(\theta,\varphi) = 2\left[\left(\frac{N+1}{2}-1\right)\mathrm{e}^{\mathrm{j}\alpha_3} + \mathrm{e}^{-\mathrm{j}\left(\frac{N+1}{2}-1\right)\alpha_3}\right] \tag{2-7}$$

此式表示一条由 $(N{+}1)/2$ 头普通内摆线放大一倍后所得的曲线，由于它与转子骨线曲线相交叉，不能作为定子骨线，因此式(2-7)所表示的解应当舍去。

根据欧拉公式[59]：$\mathrm{e}^{\mathrm{j}\theta} = \cos\theta + \mathrm{j}\sin\theta$，$\mathrm{e}^{-\mathrm{j}n\theta} = \cos(n\theta) - \mathrm{j}\sin\theta$，将得到的定转子骨线矢量方程转化为定转子骨线直角坐标方程。普通内摆线双头单螺杆泵的定转子骨线直角坐标

方程如下。

转子骨线方程：

$$
\begin{aligned}
x &= 2e\cos t \\
y &= 0
\end{aligned}
\quad (0^{\circ}{<}t{<}180^{\circ})
\tag{2-8}
$$

定子骨线方程：

$$
\begin{aligned}
x &= e\cos t + 2e\cos\left(\frac{t}{2}\right) \\
y &= e\sin t - 2e\sin\left(\frac{t}{2}\right)
\end{aligned}
\quad (0^{\circ}{<}t{<}720^{\circ})
\tag{2-9}
$$

2.1.3　等距线型线方程

由于普通内摆线存在尖点，直接使用不利于螺杆泵定转子间的接触。为消除尖点接触，必须以普通内摆线的外侧等距线型共轭副作为定转子的截面线型。如图 2-5 所示，外侧等距曲线定义为以骨线上的每一点为圆心作半径为 r_0 的圆所得到的外侧包络线，其中 r_0 称作等距半径。

1. 等距曲线的曲率半径

根据等距曲线的定义，普通内摆线等距曲线的曲率半径表示为

$$
\rho_r^0 = \rho_{\text{骨}}^0 + r^0 = -\frac{4(N+1)\left|\sin\dfrac{N\theta}{2}\right|}{N-2} + r^0
\tag{2-10}
$$

式中，r^0 为等距半径系数，它与等距半径的关系如下：

$$
r_0 = r^0 R_2
\tag{2-11}
$$

普通内摆线的等距曲线分为 Ⅰ、Ⅱ 两部分，如图 2-6 所示。Ⅰ 部分是骨线向外偏置得到的曲线，Ⅱ 部分是以尖点为圆心所作的半径为 r 的圆[60]。

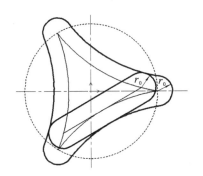

图 2-5　普通内摆线等距线型共轭副

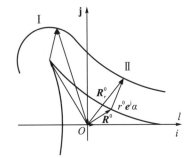

图 2-6　等距曲线的两部分

2. 等距曲线共轭副的曲线方程

如图 2-6 所示，仍以 N 头单位普通内摆线作为研究对象。普通内摆线的骨线矢量方程为式 (2-1)［即 $\boldsymbol{R}^0(\theta)$］，并设等距曲线矢量为 $\boldsymbol{R}_r^0(\theta)$，附加矢量为 $r^0 e^{\mathrm{j}\alpha}$，则有

$$\boldsymbol{R}_r^0(\theta) = \boldsymbol{R}^0(\theta) + r^0 e^{j\alpha} \tag{2-12}$$

分别对 I 、II 两部分做进一步计算，得出等距曲线方程如下：

$$\boldsymbol{R}_r^0(\theta, r^0) = \begin{cases} \left(ne^{j\theta} + e^{-jn\theta}\right) + r^0 e^{j\left[(-1)^{\frac{T\pi}{2}} \frac{n-1}{2}\theta\right]} & \text{I 部分} \\ Ne^{j\frac{2T\pi}{N}} + r^0 e^{j\alpha} & \text{II 部分} \end{cases} \tag{2-13}$$

由于普通内摆线型共轭副定子、转子的骨线均为普通内摆线，故无须另行推导公式，只进行相应的参数代换即可，计算定子等距曲线方程时将式(2-13)中的 N 换作 $(N+1)$，n 换作 N，$T = 0-n$ 换作 $T = 0-N$。

2.2　螺杆泵运动学模型

2.2.1　转子的公转和自转

螺杆转子在定子衬套内部的运动状态为两种：自转和公转。为了分析这两种运动状态，我们需要建立螺杆转子的动中心圆和定中心圆，其中动中心圆是以螺杆转子自身轴线上的 O_2 点为圆心、偏心距 e 为半径所建立的，定中心圆是以衬套轴线的中心 O_1 为圆心、$2e$ 为半径所建立的。螺杆转子在定子衬套内部的运动可总结为螺杆的动中心圆(滚圆)在衬套定子的定中心圆(导圆)中做纯滚动。

螺杆转子的自转运动就是动中心圆做顺时针转动，而公转就是其圆心 O_2 绕着定中心圆圆心 O_1 做逆时针方向的圆周运动。因此，可知转子的自转和公转方向相反。为了能够更明确地描述自转和公转角速度的关系，本书采用图文结合的方法进行分析，设 ω_1 为公转角速度，ω_2 为自转角速度。建立动坐标系 $x_2 O_2 y_2$，如图 2-7 所示。原点 O_2 绕定子衬套中心 O_1 做圆周运动。螺杆转子的自转是指螺杆相对于动坐标系 $x_2 O_2 y_2$ 的相对运动，其自转角速度和传动轴角速度数值大小是相同的。

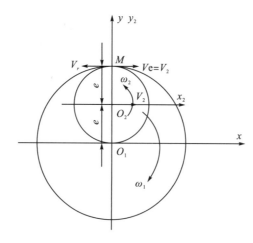

图 2-7　螺杆转子的自转和公转运动示意图

设定动中心圆与定中心圆的滚动接触点 $M(X_0,Y_0)$ 的绝对速度为 V_1，其值应等于 M 点相对于 O_2 的相对速度 V_r 和 O_2 点的绝对速度 V_2 的矢量和，即

$$V_1 = V_r + V_2 \tag{2-14}$$

式中，V_r 是由螺杆自转或相对动坐标系转动而产生的，$V_r = \omega_1 e$；V_2 是动坐标系原点公转产生的，$V_2 = \omega_2 e$。

从图 2-7 可知，V_r 和 V_2 方向相反。当动中心圆沿着衬套定中心圆做纯滚动运动时，二者之间接触点的速度为零，即 M 点的速度为零，因此，M 点的速度 V_1 的值为零，即 $\omega_2 e - \omega_1 e = 0$，螺杆转子的自转角速度和公转角速度大小相同，从图 2-7 可知，二者的方向相反。在螺杆泵工作过程中，转子自转是传动轴通过万向联轴器由电机所带动的，因此，螺杆转子的自转角速度可由电机转速表示。设电机转速为 $n(\text{rad/min})$，则螺杆转子自转和公转的角速度(单位为 rad/s)表达式如下：

$$\omega_2 = \omega_1 = \frac{n\pi}{30} \tag{2-15}$$

2.2.2　螺杆转子在定子衬套内部的运动规律

由于螺杆的轴向位移受到传动轴和万向联轴器的限制作用，导致螺杆泵在定子衬套内的运动区域只能在一个平面内。因此，通过分析螺杆转子在定子衬套内的运动状态来说明螺杆转子的运动轨迹。$Z=0$ 断面上和任意断面的衬套断面分别如图 2-8 和图 2-9 所示。当螺杆转子和定子衬套转配好后，螺杆自身轴线与定子衬套轴线的距离为偏心距 e，螺杆截面在此断面上的圆心为 O_2。以 O_1 为圆心、e 为半径所作的圆为转子动中心圆；以 O 为圆心、$2e$ 为半径所作的圆为衬套定中心圆。衬套长轴旋转任意角度 θ 后形成新的断面 Z，如图 2-9 所示。显然，衬套的形状在此断面中与 $Z=0$ 断面相同，没有发生改变，只是长轴 OM 相对于 $Z=0$ 面旋转了一个角度 θ，因此可知，θ 与 Z 的大小有关，即

$$Z = \frac{T}{2\pi}\theta \tag{2-16}$$

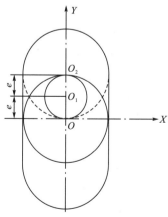

图 2-8　螺杆转子在定子衬套内
的运动($Z=0$ 断面)

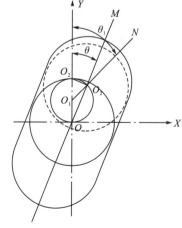

图 2-9　螺杆转子在定子衬套内
的运动(任意断面)

螺杆转子没有转动，保持在同一位置，因此螺杆转子本身轴线和动中心圆不变。但在任意断面(除 $Z=0$ 断面)中，螺杆的断面圆心不在 O_2，而是沿动中心圆从 O_2 转过角度 θ_1，由式(2-16)可知 $\theta_1=2\theta$。所以，从断面 $Z=0$ 到断面 Z，螺杆转子的转角 θ_1 是定子衬套转角的 2 倍。过 O_1 点作角 $\angle YO_1N=\theta_1$ 和转子动中心圆相交于一点，点 O_2' 就是 Z 断面中转子的断面圆心，由此圆心可作出螺杆转子的断面圆。

用图 2-10(a)证明，作 $\angle YO_1N=\theta_1$ 和动中心圆的交点定位于衬套长轴 OM 上。假设 O' 点不在 OM 上，而长轴 OM 和动中心圆的交点为 O''，则可以分别求出两段的弧长，即 $OO'=e\theta_1$，$OO''=2e\theta$，因为 $\theta_1=2\theta$，所以 $OO'=OO''$，那么假设不成立，即 O' 和 O'' 重合，并且位于衬套长轴 OM 上。在任意断面 Z 中，螺杆的断面圆心位于衬套的长轴上，同时也是动中心圆和衬套长轴的交点。只有满足这样的条件，螺杆转子与定子衬套才能实现合理装配，从而实现其功能。

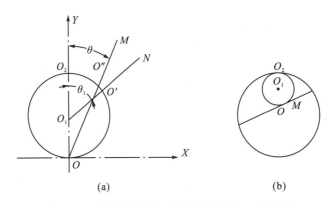

图 2-10   螺杆断面圆心在衬套断面长轴上的简图

当螺杆泵工作时，任意螺杆断面的圆心只能沿定子衬套的长轴做直线往复运动。证明如下：以 O_2 作为动中心圆的瞬时速度中心，即螺杆转子的瞬心。假设动中心圆沿逆时针方向自转，那么螺杆断面的圆心速度方向必垂直于直线 O_1O'，因为 $\angle O_1O'O$ 为半圆的圆周角，则其角度为90°，那么 O' 点的速度方向必然沿衬套的长轴方向，这是衬套的长圆形断面所允许的。当螺杆泵工作时，螺杆转子动中心圆上 O' 点的轨迹则是通过 O' 点的衬套定中心圆圆心的一条直线。从图 2-10(b)可知，当小圆 O_1 在固定的大圆 O 内做纯滚动时，如果小圆半径为大圆半径的 1/2，那么小圆外表面上任意一点的轨迹为通过大圆圆心的直线。螺杆转子动中心圆半径(e)为衬套定中心圆半径($2e$)的一半，所以，动中心圆圆周上的任一点的轨迹都为通过定中心圆圆心的一条直线，即该断面衬套的长轴方向。

综上所述，螺杆转子在定子衬套内的运动特征归纳如下：

(1)在螺杆转子-定子衬套副的任意断面上，螺杆转子断面的中心均位于定子衬套断面的长轴上；

(2)当螺杆泵工作时，随着螺杆转子的转动，该断面上的螺杆断面中心会随着螺杆转子的转动沿着衬套断面的长轴方向做直线往复运动。

2.2.3 螺杆转子外表面上点的运动及与衬套啮合处速度分析

在螺杆泵工作过程中，定转子之间处于过盈配合状态，转子的转速越高，二者之间的摩擦也就越剧烈，加剧定子橡胶的损坏，进而造成螺杆泵过早失效。因此在设计螺杆泵时，必须限制螺杆泵工作时转子与定子衬套的最大滑移速度。

取螺杆转子截面外表面上任意一点 N（图 2-11），t 时刻后 N_0 点的位移及速度求解如下：

$$x = l\sin(\omega t + \varphi_1) - e\sin\omega t$$
$$y = l\cos(\omega t + \varphi_1) + e\cos\omega t \tag{2-17}$$
$$l = O_2 M_0 = O_2 M = \sqrt{(R\sin\varphi_2)^2 + (e + R\cos\varphi_2)^2}$$

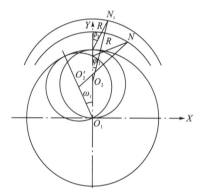

图 2-11　转子表面上点的运动

显然，由式（2-17）可知，N 点的运动轨迹为一个椭圆，因此其速度表达式如下：

$$v_x = \frac{dx}{dt} = l\omega\cos(\omega t + \varphi_1) - e\omega\cos\omega t$$
$$v_y = -l\omega\sin(\omega t + \varphi_1) - e\omega\sin\omega t \tag{2-18}$$

对于每一个定转子截面，定子衬套型线上的任一点均是定子衬套与螺杆转子的啮合点。对其啮合点的速度求解如下（图 2-12）。

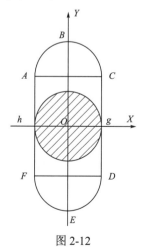

图 2-12

半圆处：在弧 $\overset{\frown}{ABC}$ 时，$\omega t = 2k\pi$，在弧 $\overset{\frown}{DEF}$ 时，$\omega t = (2k+1)\pi$，由式(2-18)可得

$$v_x = l\omega\cos\varphi_1 - e\omega$$
$$v_y = -l\omega\sin\varphi_1 \tag{2-19}$$

而由

$$l\cos\varphi_1 = e + R\cos\varphi_2$$
$$l\sin\varphi_1 = R\sin\omega\varphi_2 \tag{2-20}$$

可以得出

$$v_x = R\omega\cos\varphi_2$$
$$v_y = R\omega\sin\varphi_2 \tag{2-21}$$
$$v = R\omega$$

同理，可以得出在弧 $\overset{\frown}{DEF}$ 上 $v = -R\omega$。

在直线段 CD 上，由 $x = R$ 得

$$v_x = 0$$
$$v_y = -R\omega + 2e\omega\sin\omega t \tag{2-22}$$

在直线段 AF 上，由 $x = -R$ 得

$$v_x = 0$$
$$v_y = R\omega - 2e\omega\sin\omega t \tag{2-23}$$

显然可见定转子在啮合点处的滑动速度有所差异，在同一转内直线上的 g 和 h 两点的滑动速度达到了最大值和最小值。两点速度的表达式如下：

$$v_{\max} = (R + 2e)\omega$$
$$v_{\min} = -(R - 2e)\omega \tag{2-24}$$

2.3   三维模型的建立

2.3.1   定子与转子三维模型的建立

下面参照油田常用的 GLB1200-14 型螺杆泵的结构参数，建立普通内摆线双头螺杆泵的三维实体模型。模型参数如下：偏心距 e=7.5mm，等距半径 r_0=15mm，定子衬套半径 R_s=47.5mm，定子导程 T=480mm，转子导程 t=320mm。螺杆泵三维建模的步骤如下。

(1)用 CAXA 软件分别输入直角坐标系下的定子和转子骨线方程，再通过适当偏移和修剪即可得到定转子的二维截面线型，如图 2-13 所示。

(2)将定子衬套的截面线型导入 SolidWorks 中，然后以衬套中心为圆心、偏心距 e 为半径绘制圆，取该圆上某点为发生点，以导程 T 为螺距生成螺旋线，如图 2-14 所示。最后以定子截面线型为轮廓曲线，以螺旋线为扫描路径进行实体扫描完成衬套的三维模型，如图 2-15 所示。转子的三维模型生成方法同定子衬套，其中转子导程 t=2/3T，转子模型如图 2-16 所示。

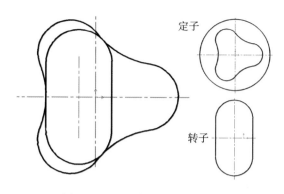

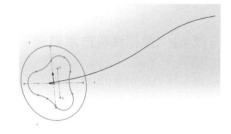

定子

转子

图 2-13　双头单螺杆泵衬套、转子线型图 　　　　图 2-14　螺旋线的生成

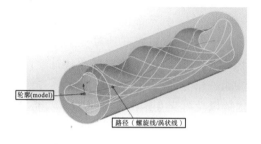

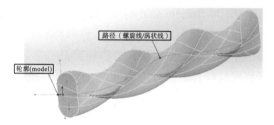

图 2-15　衬套三维模型生成示意图 　　　　图 2-16　螺杆转子三维模型生成示意图

2.3.2　定子与转子装配体的建立

双头单螺杆泵定子与转子装配时，采用自底向上的装配方法，即将零部件逐个添加到工作部件中作为装配组件，然后使用正确的配合构成整体装配体。自底向上的装配方法的优点是，一旦零部件文件发生变化，所有利用该部件的装配文件都可以选择自动更新，而不需要重新装配模型，方便了对零部件和装配体参数的修改。

如图 2-17 所示，以定子衬套作为固定件，转子作为活动件，通过配合得到双头单螺杆泵定子与转子的装配体模型。之后还需要利用软件自带的干涉检查功能来评估装配体中与定转子接触的螺旋面间有无干涉现象发生。检查结果显示：所建立的装配体模型中无干涉现象存在。这一结果证明了本书所建立的螺杆泵三维模型是正确的。

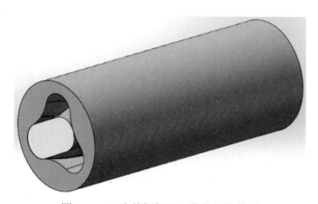

图 2-17　双头单螺杆泵三维装配体模型

2.4　运动学仿真模型的建立

2.4.1　虚拟样机技术简介

虚拟样机技术(virtual prototype technology, VPT)主要进行的是机械系统运动学和动力学分析，故又称作机械系统动态仿真技术。该技术是在 20 世纪 80 年代随着计算机技术的发展而逐渐兴起的，并在 20 世纪 90 年代特别是进入 21 世纪以后得到了快速发展和广泛应用的一项计算机辅助工程(computer aided engineering, CAE)技术。在产品的设计和开发过程中，虚拟样机技术可以将分散的零部件设计(如 CAX 技术)和仿真分析技术［如 FEA(finite element analysis, 有限元分析)技术］整合到一起，为产品的研发提供了一个全新的设计理念和设计方法[61]。虚拟样机技术的一般流程如下：首先在计算机上建造出产品的整体模型，然后仿真分析该产品在各种工况下的使用情况，预测产品的整体性能，最后根据目标性能进行产品的优化设计，提高产品性能。

虚拟样机技术利用虚拟环境在可视化方面的优势以及可交互式探索虚拟物体功能，能够让产品设计人员在虚拟样机环境中对产品进行几何、功能、制造等许多方面交互的建模与分析，真实地模拟产品整体的运动和受力情况，完成在物理样机中难以进行的试验[62]。运用虚拟样机技术，可以降低产品研发成本、缩短产品研发周期、提高产品品质和性能，推出更具市场竞争力的产品。

2.4.2　SolidWorks Motion 概述

SolidWorks Motion 是一个虚拟原型机仿真工具，借助工业动态仿真分析软件领域占主导地位达 25 年之久的 ADAMS 公司在技术上的强力支持，Motion 能够帮助设计人员在设计前判断设计是否能达到预期目标[63,64]。Motion 的前身是虚拟仿真领域著名的 COSMOSMotion(一款基于 ADAMS 解决方案引擎创建的虚拟仿真软件)，Motion 不但继承了它强大的运动仿真功能，并且操作界面更加友好。Motion 完全内嵌于 SolidWorks 的工作环境中，对于 SolidWorks 中所建立的模型不需要对数据进行复制或导出，只需在选项中勾选该插件便可以实现与装配模型的无缝接合，为用户带来了极大方便的同时也提高了数据的安全性。

Motion 允许用户安排机构布局、确定功率消耗、定义马达的大小、设定凸轮、定义接触件接触特性、推算齿轮驱动、定义弹簧/阻尼大小。Motion 不但能够处理三维实体的接触，而且对二维曲线的接触也能够很好地处理。此外，用 Motion 可以检查机构在实际运动过程中零件之间的干涉，这样便可以在实际样机生产前消除干涉，提高模型的准确性。对于运动、动力学分析，该软件能够将运动仿真中的轨迹图和工程数据 XY 图可视化显示，并可将变化曲线输出到 Excel 表格中对数据进行分析。运动仿真作为机构真实运动的完整显示，它可以将仿真视频保存成 AVI 格式便于用户共享和研究。

利用 SolidWorks Motion 进行机构的运动学仿真，一般按照以下几个步骤进行：

（1）在 SolidWorks 装配体模块中对零部件进行正确装配，得到三维装配体模型；

（2）从模型页面切换到运动算例页面，选择 Motion 分析，然后根据零件自身的运动特点设定正确的固定件和运动件，并添加相应的运动副和约束；

（3）设定运动仿真参数，进行仿真分析；

（4）进行仿真后处理，分析仿真结果。

2.4.3　运动仿真的实现

1. 辅助机构的设计

通过前一节运动学理论的分析可知，双头单螺杆泵的转子在定子中做行星运动，即转子绕着自身轴线以速度 ω 自转的同时，转子轴线又以 2ω 的速度绕着定子轴线做方向相反的公转。在 SolidWorks Motion 中可以实现轴线自身的转动，却不能直接实现轴线绕另一轴线的公转运动，因此要实现行星运动必须添加辅助机构。

本书参照铰链连杆机构的原理设计出如图 2-18 所示的机构。其中，圆柱 1（基准轴 1 所在圆柱）和圆柱 2（基准轴 2 所在圆柱）均通过铰链连接与上下两个铰链相配合，两圆柱轴心线相距一个偏心距 e。将该机构添加至螺杆泵的装配体中，使圆柱 1 与转子左端固连，并保证圆柱 1 与转子同轴心线，因此在转子的零件建模中就需要建立该圆柱。圆柱 2 应与定子衬套同轴心，添加辅助机构后的螺杆泵仿真模型如图 2-19 所示。

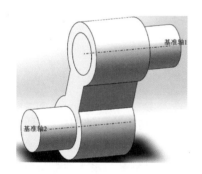
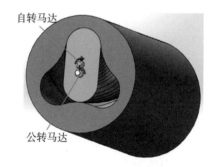

图 2-18　辅助机构三维装配体　　　　　图 2-19　螺杆泵仿真模型三维装配体

2. 约束和运动副的设定

（a）设定运动件和固定件。根据螺杆泵中转子在定子中的运动规律，将定子衬套和辅助机构中的圆柱 2 设置为固定件，转子以及连杆设置为运动件。

（b）设定运动副。如图 2-19 所示，在圆柱 1 处添加一个转速为 $n(\text{rad/min})$ 的自转马达，该马达绕转子轴线旋转，实现转子的自转；在与圆柱 2 相连的铰链圆柱外表面添加一个转速为 $2n(\text{rad/min})$ 的公转马达，旋转方向与自转马达相反，该马达通过铰链机构牵连圆柱 1 绕圆柱 2 的轴线旋转，实现转子绕定子的公转运动。因为圆柱 1 与转子固连成一整体，且圆柱 1 与转子同轴线，圆柱 2 与定子同轴线，所以只需对两个旋转马达施加旋转运动就可以实现转子在定子衬套中的行星运动。

2.5   运动学仿真结果分析

2.5.1   转子固定点运动特性分析

以普通内摆线双头单螺杆泵为模型，模型参数如下：偏心距 e=7.5mm，等距半径 r_0=15mm，分析转子外表面上固定点的运动特性。在图 2-20 所示的转子初始位置，选取转子表面圆弧中点、圆弧与直线段相切点、直线段中点 3 个点作为研究对象并编号为点 1、2、3。设定自转马达转速为 30rad/min，仿真时间为 2s，这样刚好能让转子完成一个周期的运动，此时转子外表面上每一点的运动也刚好为一个循环。

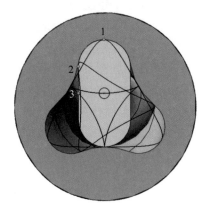

图 2-20   转子外表面 3 点的运动轨迹图

2.5.2   运动轨迹分析

对选取的 3 点进行运动路径跟踪，得到这 3 点的运动轨迹，如图 2-20 所示。分析各点运动轨迹可以得出，随着表面固定点到转子中心的距离逐渐增大，运动轨迹所围成的区域也逐渐增大。在转子的一个运动周期内，各点并不是时刻都与定子接触，造成这种现象的原因是，螺杆泵的线型采用等距线型共轭副代替了骨线共轭副，原有的固定接触点消失，转子外表面上的各点在公转方向上依次与定子内表面接触。选取定子和转子骨线的等距曲线作为端面线型有效地改善了双头单螺杆泵定子与转子间的磨损状况。进一步分析可知，转子上的每个点在定子上对应的接触位置都是固定的，并且接触的次数也不相等。点 1 与定子的每个齿凸中点和齿凹中点各接触一次，共接触 6 次；点 2 与定子内表面其余点接触 3 次；点 3 与定子每个齿凸中点接触 1 次，共接触 3 次。在螺杆泵运转过程中，定子齿凸中点相较其余各点和转子的接触次数更多，磨损更加剧烈。

2.5.3   运动速度和加速度分析

选定转子的圆弧中点(点 1)进行分析，得到其在一个仿真周期内的速度、加速度曲线变化规律，包括 X 方向、Y 方向和幅值，如图 2-21、图 2-22 所示。SolidWorks Motion 中允许用户对横坐标的时间滑块进行手动控制，在滑动滑块的同时，模型界面的转子也会做相应的运动，这样便可以得到该点在一个循环周期内各个时刻的瞬时速度、加速度数值以及转子在模型中的位置。图 2-21 和图 2-22 中的红色竖线表示圆弧中点在 1s 时对应的速度、加速度值。

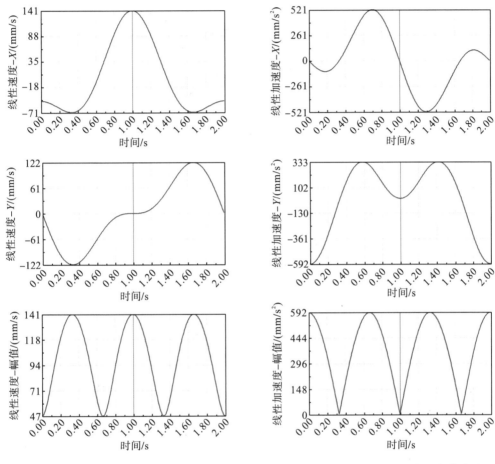

图 2-21　转子圆弧中点速度曲线图　　　　　　图 2-22　转子圆弧中点加速度曲线图

由图 2-21 和图 2-22 可以看出，反应转子圆弧中点整体变化的速度、加速度曲线图均为标准的正弦函数曲线，但其 X 分量、Y 分量却并非如此，在一个仿真周期内这两个分量都为非周期性变化的波动曲线。通过速度幅值曲线图可以看出，在转子圆弧中点分别与定子 3 个齿凸中点相接触时（0.33s、1s、1.67s），速度达到最大；与定子齿凹中点接触时（0.67s、1.33s、2s），速度最小。对比与速度幅值图对应的加速度幅值图可以发现，转子圆弧中点的速度达到最大时，加速度为零，即为最小值；而速度最小时，加速度达到最大，这符合正弦函数和其导数余弦函数之间的对应关系。

图 2-23 是点 1、2、3 的速度幅值图，随着转子表面固定点到转子中心距离逐渐增大，点的最大速度和最小速度也逐渐增大，但是各个点的速度梯度相等，变化规律一致，均为相差一个相位角的标准的正弦曲线。由此规律可以确定：对于普通内摆线型双头单螺杆泵，

转子上从直线段中点到圆弧中点的最大滑动速度逐渐增大,然后从圆弧中点到另一直线段中点最大滑动速度依次减小,最大滑动速度出现在转子圆弧中点与定子齿凸点接触时。结合这 3 点的运动轨迹图可以发现,转子圆弧中点和直线段中点均是速度最大的时刻与定子齿凸中点接触,这便是定子衬套齿凸中点磨损较快的原因之一。

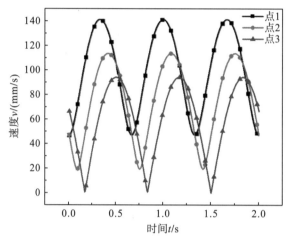

图 2-23 转子表面不同固定点在一个运动周期内的速度变化曲线

图 2-24 是点 1、2、3 的加速度曲线图。可以发现,随着转子表面固定点到转子中心距离逐渐增大,点的最大加速度逐渐增大,而最小加速度却逐渐减小,因此加速度变化范围逐渐增大。螺杆上点的加速度越大,对定子衬套内部与之固定接触位置的瞬时冲击越大;加速度变化范围越大,与螺杆相连的万向轴的运动幅度越大,泵体震动越强,噪声越大,同时对其配套的轴承和井下套管都容易产生不良影响,不利于采油作业的正常进行。

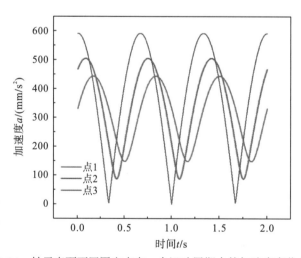

图 2-24 转子表面不同固定点在一个运动周期内的加速度变化曲线

将该模型最大滑动速度的仿真数值(141.356mm/s)与用解析法求得的计算值(141.3mm/s)对比,误差率仅为 0.04%。误差的大小主要与求解过程中所设置的每秒计算步长有关，步长越大，精度越高，但也会占用更多的计算资源。忽略小数影响，二者所得数值相等，因此，两种方法互相证明了各自的正确性。但解析法的过程相对复杂，不能较好地描述转子表面固定点的运动规律，而采用运动仿真可以得到转子上任意点任意时刻的运动参数，极大地提高了求解效率。

2.6　结构参数对运动特性的影响

偏心距 e 和等距半径 r_0 是决定螺杆泵结构的重要参数。e 太大则转动离心力太大，造成泵体工作不稳定；太小则过流面积小，采油效率降低。同样，r_0 太大则衬套内轮廓尺寸增大，衬套壁厚减小，强度降低；太小则接触状况不好，磨损严重。由于螺杆泵置于井下工作，当油井确定时，螺杆泵的外形尺寸也随之确定。许多研究中对螺杆泵的优化设计只单一考虑偏心距或等距半径对螺杆泵性能的影响，而忽视了这两个参数和其外形尺寸之间的关系。本书在保证定子衬套内轮廓最大外径相同的情况下，分析偏心距和等距半径对螺杆泵运动特性的影响。设定子衬套内轮廓名义直径为 D_i，则由图 2-25 中的几何关系可得

$$D_i = 2(r_0 + 3e) \tag{2-25}$$

分别对 D_i 为 75mm、偏心距与等距半径均不同的螺杆泵进行运动仿真。由前文的分析可知，螺杆表面圆弧中点的运动对衬套磨损影响最大，因此对该点的运动参数进行了提取，各模型的计算结果见表 2-1。

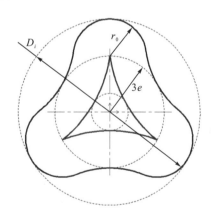

图 2-25　衬套内轮廓最大外径与偏心距和等距半径之间的几何关系

由表 2-1 可知，随着螺杆泵偏心距的增大，转子表面圆弧中点的最大滑动速度、加速度均逐渐增大，最小滑动速度逐渐减小，最小加速度先减小后增大。由于转子圆弧中点在速度最大和最小的时刻都与橡胶衬套内表面接触，所以在设计时要尽可能地减小滑动速度的最大值和最小值以改善磨损状况。并且转子在衬套齿凸中点处有最大的滑动速度，若此处同时再承受强烈的冲击对于衬套的损伤是极大的，因此要求最小加速度幅值要尽量小。对比表中数据可以发现，当偏心距为 7.5mm、等距半径为 15mm、等距半径系数（$r_0 = r_0 / e$）恰好为 2 时，此时的最大滑动速度和最小滑动速度均处在中间值，最小加速度也为 0。因此，从运动学方面考虑，对于普通内摆线型的螺杆泵，当等距半径系数为 2 时的结构参数

是较为合理的。

表 2-1　　不同结构的螺杆泵转子表面圆弧中点运动参数计算结果

偏心距 e/mm	等距半径 r_0/mm	最大滑动速度 v_{max}/(mm/s)	最小滑动速度 v_{min}/(mm/s)	最大加速度 a_{max}/(mm/s^2)	最小加速度 a_{min}/(mm/s^2)
5	22.5	134	71	518	123
6	19.5	137	61	548	74
7	16.5	140	52	577	25
7.5	15	141	47	592	0
8	13.5	143	42	607	25
9	10.5	146	33	637	74

第 3 章 高温稠油中橡胶单轴拉伸试验

海上稠油热采工况下，螺杆泵在井底工作时环境温度通常为 60～150℃甚至更高，这就要求螺杆泵必须耐高温，普通的丁腈橡胶材料不适合在这样的高温环境下工作。然而目前对螺杆泵橡胶材料性能的研究却多用普通橡胶在常温环境下进行，由于试验环境与真实工作环境差异太大，所测得的试验数据不能准确描述螺杆泵定子衬套的材料性能。因此，有必要使用耐高温的橡胶作为衬套材料并开展高温稠油环境中的性能试验，研究材料的力学性能。

3.1 橡胶材料特性

3.1.1 定子橡胶材料性能

橡胶是具有高度伸缩性与极好弹性的高分子材料。与金属和其他高分子材料相比，橡胶材料具有独特的性能，如柔软性、弹性、耐磨性、黏结能力强和低透气性；某些特种合成橡胶更具备良好的耐热性及耐油性，耐热可达 180～350℃，对燃料油、润滑油、脂肪油、液压油以及溶剂油的溶胀有较好的抵抗性能[65]。橡胶的这些优良特性，使它成为工业上极好的密封、减震、耐磨、防腐、屈扰、绝缘以及黏结等材料[66]。

在稠油热采中，井底的高温高压以及稠油中较高的含砂量对螺杆泵的可靠性提出了较高的要求，橡胶整体性能如强度、抗疲劳老化、金属与橡胶黏结强度以及其他特性均要求较优，而成本则是次要的。传统的定子橡胶材料(多为 NBR)在这样的环境中容易产生溶胀导致材料变软、硬度降低，使得定转子间的过盈配合发展为干涉配合，增大了定转子间的摩擦扭矩，橡胶由于快速老化而导致螺杆泵定子失效。氢化丁腈橡胶(HNBR)以其出色的综合性能在螺杆泵的定子橡胶选材中备受推崇，虽然其成本较 NBR 高出 20～30 倍，但在使用中具有很好的经济性，更适用于在恶劣环境中使用。因此，本书选用氢化丁腈橡胶作为稠油热采中螺杆泵衬套的橡胶材料。

3.1.2 橡胶摩擦磨损特性

橡胶磨损的特点是磨损表面的磨痕垂直于摩擦方向，磨痕在橡胶表面呈山脊状突起，突起之间高度相同，间距相等，这种形貌称作橡胶的磨损斑纹[67,68]。根据磨损斑纹的形成机理和形貌特征，可将橡胶的磨损分为磨粒磨损、疲劳磨损、腐蚀磨损、黏着磨损以及摩擦磨损[69,70]。橡胶与刚性基体表面接触并发生相对运动时通常表现为疲劳磨损、磨粒磨损以及摩擦磨损[71]。实际上，这些磨损形式是同时发生的，很难用一种形式的磨损机理去单独表达总体的磨损效应。依据试验结果和经验可知，当较软的橡胶材料在含有硬质固相颗粒的介质中与刚性较高的金属类弹性体发生相对滑动时，磨粒磨损是主要的失效形式；当较硬的固相颗粒进入黏弹性橡胶表面时，疲劳磨损则占主要方式。

为了保证容积效率，螺杆泵定转子间采用过盈配合，其中定子衬套材料为橡胶，转子常采用表面镀铬的合金钢，因此其磨损属于橡胶-刚体接触引起的磨损。螺杆泵定转子之间的磨损方式主要表现为摩擦磨损、磨粒磨损和疲劳磨损。目前针对定子衬套的磨损失效研究中，获得了大量不同介质下的磨损结论。但材料的磨损本身就是一种非常复杂的综合作用现象，受到各方面因素的影响。

3.2　单轴拉伸试验

3.2.1　试验目的

稠油热采工况下，高温环境以及稠油介质会较大地影响螺杆泵定子橡胶材料的力学性能，进而影响螺杆泵的正常工作，而后期的有限元仿真分析中，材料力学参数的设定又会较大地影响仿真结果。因此，开展橡胶力学性能试验，不但能为研究稠油热采中橡胶材料的力学性能提供有价值的参考，同时可以对有限元仿真中橡胶力学参数的设定提供有力依据。本书选择较为简单的单轴拉伸试验测试橡胶材料的力学性能。

3.2.2　试验材料及设备

橡胶试样是由氢化丁腈橡胶材料制成的哑铃 I 型，符合《硫化橡胶或热塑性橡胶拉伸应力应变性能的测定》（GB/T 528—2009）中的规定[72]。试样选取标准尺寸，厚度为 2mm，宽度为 6mm，标距为 25mm，其形状如图 3-1 所示。

图 3-1　橡胶材料拉伸试样

拉伸试验机为美特斯工业系统(中国)有限公司制造的微机控制电子万能试验机,如图 3-2 所示;稠油加热可在万能摩擦磨损试验机上完成;保温箱为小型泡沫保温箱,如图 3-3 所示。

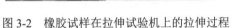

图 3-2　橡胶试样在拉伸试验机上的拉伸过程　　　　　　图 3-3　小型泡沫保温箱

试验开始前先在摩擦磨损试验机上对稠油进行加热,然后将橡胶试样浸没在稠油介质中,保持恒温加热两小时。为了方便拉伸以及考虑清洗剂对试验结果的影响,对加热后的橡胶试样仅作擦拭处理。由于加热设备与拉伸试验机分别位于不同的实验室,为减小温度的变化速率,试样从加热稠油中取出到拉伸之前需置于保温箱内进行保温。试验温度为常温 30℃、60℃、90℃、120℃和 150℃。每组分别对 3 个试样进行拉伸试验,取其平均值作为试验数据以减小试验误差。选用 200mm/min 的移动速度,橡胶的单轴拉伸试验过程如图 3-2 所示。

3.3　试验结果分析

3.3.1　耐疲劳破坏性能变化规律

表 3-1 为稠油中不同温度下的橡胶试样试验数据,图 3-4 为橡胶试样耐疲劳破坏性能随温度的变化曲线。结合图表可知,氢化丁腈橡胶在 150℃的高温条件下仍然有较好的力学性能,但相较常温时性能下降明显。随着温度的升高,橡胶材料的最大载荷、拉伸强度均逐渐减小,扯裂伸长率先小幅增大后逐渐减小,三者的总体趋势大致相似,即随温度的升高,橡胶材料的耐疲劳破坏性能逐渐降低。在 60℃以下时,橡胶材料的抗疲劳能力受温度影响较小,而当温度高于 60℃后,特别是在 60~90℃时,橡胶的耐疲劳性能会急剧下降。与常温 30℃时相比,在 150℃的高温时,橡胶试样的扯裂伸长率、最大载荷和拉伸强度分别减小了 58.88%、78.12%、77.92%。

表 3-1   稠油中不同温度下的定子橡胶单轴拉伸试验数据

试验温度/℃	试样编号	扯裂伸长率/%	最大载荷/N	拉伸强度/MPa
30	1-1	834.333	324.462	27.0385
	1-2	771.451	296.765	22.5848
	1-3	802.053	303.690	23.0487
	平均值	802.612	308.306	24.2240
60	2-1	800.828	274.240	22.2589
	2-2	836.846	281.422	23.7339
	2-3	856.572	289.003	24.0836
	平均值	831.415	281.555	23.3588
90	3-1	643.004	174.239	14.6198
	3-2	575.775	150.291	12.3007
	3-3	588.841	158.991	13.2493
	平均值	602.540	161.174	13.3899
120	4-1	487.998	114.287	9.7835
	4-2	455.721	106.564	8.6638
	4-3	459.644	106.514	8.3344
	平均值	468.788	109.122	8.9272
150	5-1	326.715	66.563	5.2594
	5-2	343.363	70.724	5.6162
	5-3	320.055	65.052	5.1689
	平均值	330.044	67.446	5.3482

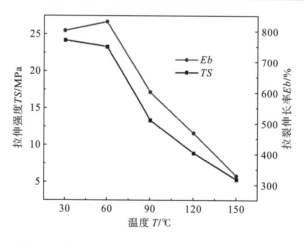

图 3-4   橡胶试样耐疲劳破坏性能随温度的变化曲线

3.3.2   应力应变曲线变化规律

稠油中不同温度下的橡胶试样应力应变曲线如图 3-5 所示。其中，图 3-5(a)为橡胶试样拉断时的应力应变曲线，从图中可以看出，随着温度的升高，橡胶的力学性能逐渐下降。

由于温度为 150℃时橡胶的最大应变仅为 330%，而 60℃以下时的应变达到了 800%左右，为了便于分析和比较，图 3-5(b)提取了各温度下橡胶形变为 250%时的应力应变曲线。横向比较两图可以看出，橡胶材料变形过程中的应力应变关系表现出明显的非线性特征。当变形小于 100%时，橡胶材料的应力应变关系为向外凸的一条曲线；当变形在 100%~200%时，应力应变关系为一条向内凹的曲线；当变形超过 200%时，应力应变关系近似一条直线，应力的增速随应变的增长而加快。纵向比较两图可以发现，温度对橡胶的应力应变关系有较大影响。温度不高于 60℃时，橡胶的力学性能随温度变化不大，整体是一条较为平滑的曲线。而加热后的橡胶，其应力应变曲线可分为 3 个阶段：在微小变形范围内(小于 1%)，橡胶受热收缩的热力学特性使得在拉伸初始阶段出现了较大的瞬时应力，应力应变曲线接近一条平行于纵坐标的直线；当变形小于 100%时，应力应变曲线基本重合，变化规律相似；变形大于 150%后，曲线整体上随温度的升高斜率逐渐减小，应力增速放缓。

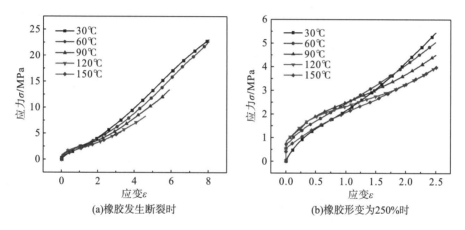

图 3-5　橡胶材料在不同温度下的应力应变曲线

3.3.3　弹性模量变化规律

弹性模量 E 定义为材料在外力作用下产生单位弹性变形所需要的应力，它是衡量物体抵抗弹性变形能力的尺度，也是材料弹性变形难易程度的表征[73]。橡胶材料的弹性模量大约是金属材料的十几万分之一，可见橡胶材料容易产生很大的弹性变形。由前文的分析可知，橡胶材料在变形过程中，应力应变关系表现出非线性的特点，弹性模量 E 不是常数而是变形过程的函数。当橡胶材料发生很小的变形时，应力应变的关系可近似地看成是线性的。

通过橡胶拉伸试验可以求得定子橡胶材料在小变形范围内的弹性模量。试样厚度为 2mm，宽度为 6mm，则横截面积 A_0 为 12mm²，标距 L_0 为 25mm。由弹性模量的定义得到橡胶试样的弹性模量为

$$E = \frac{\dfrac{F}{A_0}}{\dfrac{\Delta L}{L_0}} = \frac{F}{A_0 \varepsilon_y} \tag{3-1}$$

ε_y 可由位移引伸计直接求得，小变形（1%～10%的应变范围内）情况下的弹性模量 E 可利用 Origin 的数据分析功能采用线性回归法拟合求得。30℃时橡胶弹性模量的求解过程如图 3-6 所示。斜率（slope）即为所求弹性模量，其余温度时的弹性模量求解方法与 30℃时相同。

分别求出每组温度下 3 个试样的弹性模量，取其平均值作为定子橡胶的弹性模量，其大小随温度的变化曲线如图 3-7 所示。从图中可以看出，随着温度的升高，橡胶材料的弹性模量先急剧减小再缓慢增大，在常温时最高，90℃时最低，差值为 1.88MPa，这与橡胶的力学性能是相符合的。从图中还可以发现，即使在相同的温升下，橡胶材料的弹性模量变化幅值也存在较大差异：当温度由常温加温至 60℃时，弹性模量变化幅值最大，减幅达到 1.49MPa；当温度高于 60℃后，弹性模量随温度的变化范围较小，仅为 0.39MPa。整体而言，橡胶材料的弹性模量在加温后较常温时会降低许多。可以推测，螺杆泵定子衬套在高温环境工作时更容易发生弹性变形。

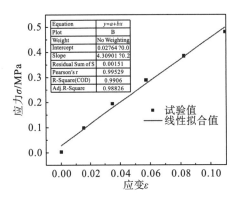

图 3-6　橡胶应力应变线性拟合曲线（30℃时）　　图 3-7　橡胶弹性模量随温度的变化曲线

由以上 3 点分析可知，橡胶材料的力学性能受温度影响较大。所以，对不同的情况，要对应分析。如果将常温下测得的试验数据用于稠油热采工况中定子衬套的仿真分析，将会造成较大的偏差，甚至产生错误的结果。

3.4　橡胶本构模型的确定

3.4.1　橡胶的本构关系理论

橡胶作为一种超弹性材料，具有良好的伸缩性和复原性。超弹性材料的非线性特点极其明显，对于橡胶材料而言，体现在如下几个方面：非常大的应变，通常可达到 500%～600%；材料近似或完全不可压缩；材料之间有很大的相互作用，应力应变呈高度的非线性关系[74,75]；同时材料的力学性能受温度影响较大，与固体受热后膨胀的特性相反，橡胶表现出受热后收缩的热力学特性[76,77]。

　　针对橡胶材料的高度非线性和超弹性特点，国内外学者对其本构关系的研究主要集中在用唯象理论来描述橡胶的应力应变关系[78,79]。唯象理论把橡胶材料作为一个连续的统一体对待，基于橡胶各向同性和体积近似不可压缩的假设，用一个统一的物理量对其力学性能进行表征，这个物理量叫作应变能密度函数，该函数是一个应变张量的标量函数，其对应变分量的导数就是相应的应力分量，表达式为

$$S_{ij} = \frac{\partial W}{\partial E} \tag{3-2}$$

式中，S_{ij} 为第二类 Piola-Kirchhoff 应力张量；W 为单位体积的应变能密度函数；E 为拉格朗日应变张量。

　　应变能密度函数：

$$W = (I_1, I_2, I_3) \ 或 \ W = (\lambda_1, \lambda_2, \lambda_3) \tag{3-3}$$

其中，伸长率：

$$\lambda = \frac{L}{L_0} = \frac{L_0 + \Delta u}{L_0} = 1 + \varepsilon_E \tag{3-4}$$

I_1、I_2、I_3 称为格林第一、第二、第三应变不变量，它们和伸长率之间的关系分别为

$$\begin{cases} I_1 = \lambda_1^2 + \lambda_2^2 + \lambda_3^2 \\ I_2 = \lambda_1^2 \lambda_2^2 + \lambda_2^2 \lambda_3^2 + \lambda_3^2 \lambda_1^2 \\ I_3 = \lambda_1^2 \lambda_2^2 \lambda_3^2 \end{cases} \tag{3-5}$$

　　对于有限可压缩材料，该模型一般的形式如下：

$$W = W(I_1, I_2, J) = W(\lambda_1, \lambda_2, \lambda_3) \tag{3-6}$$

式中，J 为压缩体积比，其表达式为

$$J = \lambda_1 \lambda_2 \lambda_3 = \frac{V}{V_0} \tag{3-7}$$

式中，V 是压缩后体积；V_0 是压缩前体积。

　　在热膨胀中 $J_{th} = (1 + \varepsilon_{th})^3$。式中，$J_{th}$ 为热膨胀比；ε_{th} 是热膨胀系数。

　　如果将橡胶看作不可压缩性材料（$J = 1$），则应变能密度函数可简化为

$$W = W(I_1, I_2) = W(\lambda_1, \lambda_2)$$

　　对于几种主要的变形形式，不可压缩性超弹性本构模型的应力应变关系为

$$T_1 = 2\lambda_1 \left(1 - \frac{1}{\lambda_1^{4+2\alpha}} \right) \left(\frac{\partial W}{\partial I_1} + \lambda_1^{2\alpha} \frac{\partial W}{\partial I_2} \right) \tag{3-8}$$

式中，T_1 为应力；$\alpha = -1/2, 0, 1$，分别对应单向、平面和等双轴拉压变形状态。

　　国内外学者不管是研究橡胶的非线性黏弹性本构理论、大变形接触问题，还是研究橡胶材料的大变形硬化本构关系以及不同温度下的动态力学分析和本构模型，都是基于应变能密度函数对应变的偏导。

3.4.2　定子橡胶的本构模型

　　目前描述橡胶本构模型的典型代表有 Heo-Hookean 应变能函数、Exponential-

Hyperbolic 法则、Mooney-Rivlin(M-R)模型、Yeoh 模型、Ogden 模型和 Gent 模型等，其中在有限元仿真中常用于螺杆泵定子橡胶的本构模型是 Mooney-Rivlin 模型和 Yeoh 模型。

1. Mooney-Rivlin 模型

Rivlin 于 1948 年提出的多项式模型(polynomial model)几乎能够模拟所有橡胶的力学性能，是人们引用最频繁的橡胶基本模型，它应用泰勒级数的思想，用应变张量不变量的级数展开形式来表示应变能密度函数，其最一般的形式为[80]

$$W = \sum_{i+j=1}^{N} C_{ij}(I_1-3)^i(I_2-3)^j + \sum_{i=1}^{N} \frac{1}{D_i}(J-1)^{2i} \tag{3-9}$$

式中，N 为多项式阶数；C_{ij} 为 Rivlin 系数，它们是由实验数据分析所得的回归系数；D_i 为材料的压缩系数，取决于材料是否可压。

取 $N=1$，将橡胶视为不可压缩材料，则式(3-9)简化为[81]

$$W = C_{10}(I_1-3) + C_{01}(I_2-3) \tag{3-10}$$

这与 Mooney 在 1940 年提出的应变能密度函数具有完全相同的形式，所以通常被称为 Mooney-Rivlin 模型，C_{10} 和 C_{01} 即被称为 Mooney-Rivlin 常数。

2. Yeoh 模型

Rivlin 和 Saunders 于 1951 年通过双轴拉伸实验发现，超弹性材料发生大变形时($I_1, I_2 \geq 5$)，$\partial W/\partial I_2$ 仅为 $\partial W/\partial I_1$ 的 1/8～1/30，表明在对应力的贡献中 $\partial W/\partial I_1$ 是占主要的，而 $\partial W/\partial I_2$ 是次要的。近年来，Yeoh 等也指出在对填充橡胶大变形力学特征进行描述时，可以忽略 $\partial W/\partial I_2$ 的影响，并且忽略应变能密度函数表达式中的 I_2 项，往往还能增强本构模型的 Drucke 稳定性[82]。

通常将省略 I_2 项的多项式模型称作缩减的多项式模型(reduced polynomial model)，其表达式为

$$W = \sum_{i=1}^{N} C_{i0}(I_1-3)^i + \sum_{i=0}^{N} \frac{1}{D_i}(J-1)^{2i} \tag{3-11}$$

当 $N=3$ 时，则缩减多项式为 Yeoh 模型，对于不可压缩材料，其表达式为[83,84]

$$W = C_{10}(I_1-3) + C_{20}(I_1-3)^2 + C_{30}(I_1-3)^3 \tag{3-12}$$

3.4.3 本构模型常数的确定

依据橡胶试样的单轴拉伸力学试验数据，利用 ABAQUS 软件分别使用 Mooney-Rivlin 模型和 Yeoh 模型对试验数据进行拟合分析，确定稠油环境中不同温度下的螺杆泵定子橡胶材料的模型常数。具体方法是将试验得到的应力与应变数据导入 ABAQUS 软件中，选择相应的本构模型，然后软件会自动计算出所选模型的常数项拟合值，同时绘制出对应的应变能密度函数曲线。

常温下橡胶试样断裂时和变形 100%时的应力应变拟合曲线如图 3-8 所示。对比可以发现，在不同的变形状态下，两种本构模型的拟合结果相差较大。在大变形情况下 Yeoh

模型与实际试验数据更为接近，而在小变形情况下 Mooney-Rivlin 模型与试验值拟合效果更好。螺杆泵定子橡胶在工作过程中的最大应变通常小于 100%，因此为提高模型的精度，仅选择应变不超过 100%时的数据用于拟合分析。

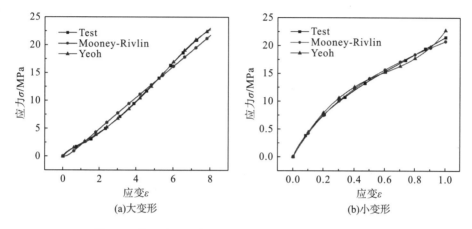

图 3-8　常温时不同变形状态下的橡胶本构模型拟合曲线

图 3-9 是加热后橡胶材料的本构模型拟合曲线。不同温度下两种模型的拟合曲线都与试验得到的应力应变曲线存在一定差距，但可以明显看出 Mooney-Rivlin 模型的应力应变曲线与试验值更加接近。本书研究的是稠油热采环境中的螺杆泵橡胶衬套力学性能，在小变形状态和高温环境中 Mooney-Rivlin 模型能更精确地描述定子橡胶的应力应变规律，因此本书选用 Mooney-Rivlin 模型来描述螺杆泵定子橡胶的力学性能。稠油中不同温度下的定子橡胶的本构模型常数拟合值见表 3-2。在后期的有限元仿真中设定不同温度下的 Mooney-Rivlin 模型时，只需代入表中对应温度下的常数值即可。

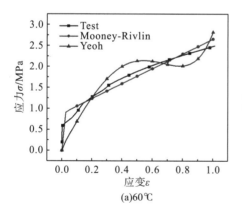
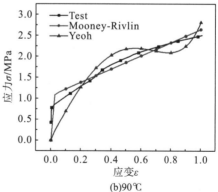

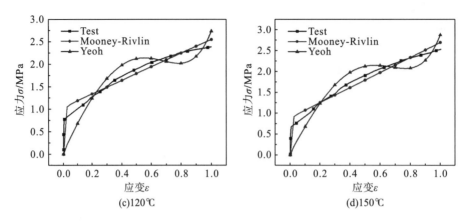

图 3-9　稠油环境中不同温度下定子橡胶本构模型的应力应变曲线

表 3-2　稠油环境中不同温度下定子橡胶本构模型的常数拟合值　　（单位：MPa）

本构模型	常数	30℃	60℃	90℃	120℃	150℃
Mooney-Rivlin	C_{10}	0.5336	0.2508	0.0612	−0.0712	0.2454
	C_{01}	0.1979	0.9416	1.3410	1.5228	0.7081
Yeoh	C_{10}	0.7715	1.1185	1.2233	1.2393	1.0157
	C_{20}	−0.0782	−0.1863	−0.2077	−0.2265	−0.3273
	C_{30}	−0.0114	0.0237	0.0241	0.0258	0.0151

第4章　螺杆泵定转子摩擦磨损试验

橡胶磨损失效是螺杆泵定子衬套失效的主要因素之一，对于含砂稠油井，含砂量是影响橡胶磨损失效的主要因素。由于橡胶材料是一种超弹性材料，具有高弹性和非线性等特点，使橡胶的试验和计算难度较大。本章对橡胶本构模型进行优选，并利用橡胶拉伸试验完成模型参数的确定工作，设计在不同含砂量的高温稠油介质环境中，螺杆泵橡胶衬套的摩擦学性能研究试验。利用第 2 章中螺杆泵转子在定子衬套内部的运动规律，确定橡胶摩擦磨损试验中所需的转速值，并分析转速、载荷和砂粒含量等因素对橡胶衬套的磨损规律，总结出在高温含砂稠油介质中橡胶的摩擦磨损失效机理。

4.1　橡胶磨损理论概述

摩擦学的研究与发展离不开试验，试验结果的分析对其发展影响很大。试验材料不同，试验结果也不同。作为一种超弹性材料，橡胶具有金属以及其他高分子材料不具有的优点，如耐油性、耐磨性、耐热性、高密封性能以及黏结力强，而被广泛应用于工业以及石油行业中。目前，因丁腈橡胶具有橡胶的一切优点，并且成本低廉，被用作油田开采人工举升设备——螺杆泵定子衬套的材料。但丁腈橡胶也有缺点，其较差的导热性以及不耐臭氧及芳香族、卤代烃、酮及酯类溶剂，导致其在原油开采中会发生溶胀现象。目前，橡胶的磨损理论发展已经相当成熟，主要的磨损方式有磨粒磨损、疲劳磨损、腐蚀磨损、黏着磨损以及摩擦磨损[85,86]。橡胶的磨粒磨损、疲劳磨损以及摩擦磨损主要发生在与刚性基体表面发生相对运动时的接触部位。实际上，橡胶中的磨损形式是同时发生的，很难单独用一种形式的磨损机理去对应总体磨损的效应。依据实验结果和经验可知，如果弹性体变硬具有较高的刚性，并且在含有固相颗粒的介质中与金属类物体发生相对滑动时，磨粒磨损是主要的失效形式。同理，较硬的物质进入黏弹性物体表面时，疲劳磨损和磨粒磨损起主要作用。

本书研究的内容是在含砂稠油热采工况下螺杆泵定子衬套的失效机理。在实际工作过程中，为了保证工作效率，定转子之间采用的是过盈配合，定子材料为超弹性材料——橡胶，转子采用表面镀铬的合金钢，因此其摩擦副属于橡胶-刚体间接触引起的磨损。螺杆泵定转子之间的主要磨损方式为摩擦磨损、磨粒磨损和疲劳磨损。本实验主要进行丁腈橡胶和螺杆转子在高温环境下不同含砂量稠油介质中，转子转速、法向载荷和含砂量等参数对橡胶摩擦行为的研究，进而分析橡胶磨损失效机理。

4.2   非线性理论

4.2.1   材料非线性

材料非线性主要包含以下几种特性：塑性、蠕变、超弹性、黏弹性、黏塑性等[87]。本节对以上 5 种特性以及所适用的材料进行简单的描述。

1. 塑性

材料在外力作用下能稳定地发生永久变形而其完整性不被破坏的能力称为塑性。大多数工程材料的变形行为主要分为两种：弹性变形和塑性变形。当材料的应力低于弹性极限（比例极限）时，应力应变关系呈现线性变化，材料表现为弹性变形；当其应力超过弹性极限后，发生的变形包括弹性变形和塑性变形，后者为不可逆过程。

2. 蠕变

在常载荷作用下，材料表现出持续增加的不可逆应变的现象称为蠕变现象，蠕变变形分为两种：显式蠕变和隐式蠕变，后者是 ANSYS 分析软件推荐使用的方法（高效和精确）。

蠕变变形与应力 $\boldsymbol{\sigma}$、应变 $\boldsymbol{\varepsilon}$、时间 t 和温度 T 的相关性一般用下式或相似的形式来模拟：

$$\varepsilon_{cr} = f_1(\boldsymbol{\sigma})f_2(\boldsymbol{\varepsilon})f_3(t)f_4(T) \tag{4-1}$$

式中，$f(\cdot)$ 函数与选择的蠕变法则有关。

3. 超弹性

材料受到外力作用产生的应变远超过弹性极限应变量，而当压力卸载后，其应变又恢复到原始状态，这类材料被称为超弹性材料。超弹性材料能够承受较大的可恢复（弹性）变形，并且应变率可达到 300%，这种特性被称为材料的超弹性。超弹性材料一般用于模拟橡胶和其他聚合物类材料。同时具有超弹性特性的材料弹性范围远高于传统材料的弹性范围。

4. 黏弹性

黏弹性是一种同时具有弹性变形成分（可恢复）和黏性变形成分（不可恢复）的非线性材料，可用来模拟非晶态固体和非晶态聚合物等材料的黏弹性行为，在 ANSYS 分析软件中采用广义的 Maxwell 模型表示黏弹性行为。

5. 黏塑性

物体在某一应力临界值时，其变形率与介质黏性相关，并且发生屈服和流动，这种特性称为材料的黏塑性。

4.2.2   几何非线性

几何非线性的特点是在载荷作用过程中，物体结构产生较大的位移和转动，并且载荷和位移不服从线性关系，即应变表达式中必须包含位移的二次项[88]。本书中螺杆泵定转子之间的配合属于过盈配合，那么定转子之间存在相互挤压现象，同时橡胶衬套内表面内部又承受着工作压力，挤压力和工作压力导致橡胶发生大变形。因此，此类接触问题属于几何非线性问题。

利用虚功位移原理建立有限元平衡方程组，求解此类几何非线性问题。依据虚功位移原理，外力因虚功所做的功等于结构因虚应变所产生的应变能，因此有以下方程式：

$$\mathrm{d}\boldsymbol{u}^{\mathrm{T}}\boldsymbol{\psi}(\boldsymbol{u}) = \int \mathrm{d}\boldsymbol{\varepsilon}^{\mathrm{T}}\boldsymbol{\sigma}\mathrm{d}V - \mathrm{d}\boldsymbol{u}^{\mathrm{T}}\boldsymbol{F} = 0 \tag{4-2}$$

式中，$\boldsymbol{\psi}$ 表示节点广义内力和广义外力矢量的总和；$\mathrm{d}\boldsymbol{u}$ 表示虚位移；$\mathrm{d}\boldsymbol{\varepsilon}$ 表示虚应变；$\boldsymbol{F}$ 表示所有载荷列阵。

利用应变的增量形式给出位移和应变的形式为 $\mathrm{d}\boldsymbol{\varepsilon} = \overline{\boldsymbol{B}}\mathrm{d}\boldsymbol{u}$，并将其代入式 (4-2) 中可得出非线性问题的平衡方程组：

$$\boldsymbol{\psi}(\boldsymbol{u}) = \int \overline{\boldsymbol{B}}^{\mathrm{T}}\boldsymbol{\sigma}\mathrm{d}V - \boldsymbol{F} = 0 \tag{4-3}$$

式中的积分运算是各元素的积分对于节点平衡的总和，完全适用于大位移(应变)和小位移(应变)。

针对线性有限元问题，应变和位移之间以及应力和应变之间的关系均是线性关系，因此其关系为 $\boldsymbol{\varepsilon} = \boldsymbol{B}(\boldsymbol{u})$，$\boldsymbol{\sigma} = \boldsymbol{D}(\boldsymbol{\varepsilon})$，将其代入式 (4-3) 中可得

$$\int \boldsymbol{B}^{\mathrm{T}}\boldsymbol{D}\boldsymbol{B}\mathrm{d}V\boldsymbol{u} - \boldsymbol{F} = 0 \tag{4-4}$$

在大位移情况下，式 $\mathrm{d}\boldsymbol{\varepsilon} = \overline{\boldsymbol{B}}\mathrm{d}\boldsymbol{u}$ 中的应变与位移之间的关系是非线性关系，因此矩阵 $\overline{\boldsymbol{B}}$ 是 $\boldsymbol{u}$ 的函数，为了求解方便，可将 $\overline{\boldsymbol{B}}$ 分解成以下方程式：

$$\overline{\boldsymbol{B}} = \boldsymbol{B}_0 + \boldsymbol{B}_{\mathrm{L}} \tag{4-5}$$

式中，$\boldsymbol{B}_0$ 为线性应变分析的矩阵项，与 $\boldsymbol{u}$ 无关；$\boldsymbol{B}_{\mathrm{L}}$ 为由非线性变形引起的，与 $\boldsymbol{u}$ 有关，是位移列阵 $\boldsymbol{u}$ 的线性函数。

在大多数情况下，虽然位移很大，但结构的应变并不大，应力和应变的关系依旧是线弹性关系，因此有

$$\boldsymbol{\sigma} = \boldsymbol{D}(\boldsymbol{\varepsilon} - \boldsymbol{\varepsilon}_0) + \boldsymbol{\sigma}_0 \tag{4-6}$$

式中，$\boldsymbol{D}$ 为材料的弹性矩阵；$\boldsymbol{\varepsilon}$ 为初应变列阵；$\boldsymbol{\varepsilon}_0$ 为初应力列阵。

通常采用牛顿-拉斐逊法求解式 (4-3)，因此需要建立二者之间的关系，由式 (4-3) 取微分得

$$\mathrm{d}\boldsymbol{\psi} = \int \mathrm{d}\overline{\boldsymbol{B}}^{\mathrm{T}}\boldsymbol{\sigma}\mathrm{d}V + \int \overline{\boldsymbol{B}}^{\mathrm{T}}\mathrm{d}\boldsymbol{\sigma}\mathrm{d}V \tag{4-7}$$

忽略初应变和初应力的影响，由式 (4-6) 可得 $\mathrm{d}\boldsymbol{\sigma} = \boldsymbol{D}\mathrm{d}\boldsymbol{\varepsilon} = \boldsymbol{D}\overline{\boldsymbol{B}}\mathrm{d}\boldsymbol{u}$，由于 $\boldsymbol{B}_0$ 与 $\boldsymbol{u}$ 无关，因此，代入式 (4-7) 可得

$$\begin{aligned}
\mathrm{d}\boldsymbol{\psi} &= \int \mathrm{d}\boldsymbol{B}_{\mathrm{L}}^{\mathrm{T}}\boldsymbol{\sigma}\mathrm{d}V + \overline{\boldsymbol{K}}^{\mathrm{T}}\mathrm{d}\boldsymbol{u} \\
\overline{\boldsymbol{K}} &= \int \overline{\boldsymbol{B}}^{\mathrm{T}}\boldsymbol{D}\overline{\boldsymbol{B}}\mathrm{d}V = \int \left(\boldsymbol{B}_0 + \boldsymbol{B}_{\mathrm{L}}\right)^{\mathrm{T}}\boldsymbol{D}\left(\boldsymbol{B}_0 + \boldsymbol{B}_{\mathrm{L}}\right)\mathrm{d}V = \boldsymbol{K}_0 + \boldsymbol{K}_{\mathrm{L}} \\
\boldsymbol{K}_0 &= \int \boldsymbol{B}_0^{\mathrm{T}}\boldsymbol{D}\boldsymbol{B}_0\mathrm{d}V \\
\boldsymbol{K}_L &= \int (\boldsymbol{B}_0^{\mathrm{T}}\boldsymbol{D}\boldsymbol{B}_{\mathrm{L}} + \boldsymbol{B}_{\mathrm{L}}^{\mathrm{T}}\boldsymbol{D}\boldsymbol{B}_{\mathrm{L}} + \boldsymbol{B}_{\mathrm{L}}^{\mathrm{T}}\boldsymbol{D}\boldsymbol{B}_0)\mathrm{d}V
\end{aligned} \tag{4-8}$$

式中，K_0 为小位移的线性刚度矩阵；K_1 为初始位移矩阵（又称大位移矩阵）。

式(4-8)中第一个表达式右边第一项可以写成：

$$\int \mathrm{d}B_L^T \sigma \mathrm{d}V = K_\sigma \mathrm{d}u \tag{4-9}$$

式(4-10)中，K 是关于应力 σ 的对称矩阵，称为初应力矩阵或几何刚度矩阵。

因此，式(4-8)中第一个表达式可以写成

$$\mathrm{d}\psi = (K_0 + K_\sigma + K_L)\mathrm{d}u = K_T \mathrm{d}u \tag{4-10}$$

式中，K_T 为切线刚度矩阵，$K_T = K_0 + K_\sigma + K_L$。

对于大位移问题，通常采用牛顿-拉斐逊方法求解，其迭代公式为

$$\Delta u_n = -K_T^{-1}\psi_n, \quad \Delta u_{n+1} = u_n + \Delta u_n \tag{4-11}$$

牛顿-拉斐逊迭代方法的求解步骤如下：

(1)用线弹性解 u 作为第一次近似值 u_1；

(2)由式(4-5)计算出 $\bar{B}$，由式(4-6)计算出应力 σ，然后由式(4-7)计算失衡力 ψ_1；

(3)计算切线刚度矩阵 K_T；

(4)由式(4-11)计算出 Δu_1、u_2；

(5)返回到第(2)步，重复迭代，直至 ψ_n 足够小。

4.2.3　接触非线性

接触问题是状态非线性中的一种重要的非线性问题。本书研究的接触问题主要是螺杆泵定转子之间的接触问题。为了满足螺杆泵的机械效率和容积效率，螺杆转子和定子衬套之间采用过盈配合，因此必须考虑螺杆定转子之间的接触问题。定子衬套采用的是橡胶材料，螺杆转子采用的是金属材料，橡胶材料是一种超弹性材料，导致此类接触问题较难分析。针对接触问题，所研究模型中的各种变量除要满足固体力学基本方程以及给定的边界条件和初始条件外，还要满足接触面上的接触条件，即产生接触的两个物体之间必须满足无穿透约束条件。产生接触或将要产生接触的两个物体，其界面的接触状态可分为3种：分离状态、黏结接触状态和滑动接触状态。对于这3种状态，接触界面的位移和力的条件也不相同，正是由于实际的接触状态在以上3种状态中的转化，导致了接触问题的高度非线性特点[89]。

对于接触问题中实施无穿透约束的方法主要有拉格朗日乘子法、罚函数法(penalty method)、增广拉格朗日乘子法以及混合有限元方法等。

本书研究螺杆转子和定子衬套之间的接触问题时采用的方法为罚函数法，其约束算法的代数方程为[88]

$$(K + \alpha K_P^T)u = R - \alpha \gamma_P \tag{4-12}$$

式中，α 表示罚函数；αK_P^T 表示逻辑单元刚度矩阵；R 表示载荷向量；$\alpha \gamma_P$ 表示单元载荷向量。

4.3 摩擦磨损试验

4.3.1 试验目的

螺杆泵定子橡胶衬套过早失效是螺杆泵失效的主要形式之一，定了衬套过早失效不但会影响螺杆泵的使用寿命、降低螺杆泵的工作效率，还会增加维修和采油成本。橡胶的磨损失效是螺杆泵橡胶衬套失效的主要失效形式之一。通过完成高温含砂稠油介质中橡胶衬套与金属转子-衬套副的摩擦磨损试验，研究橡胶衬套在稠油热采中的失效机理，并分析法向载荷、转速和含砂量等因素对橡胶衬套摩擦因数和磨损量的影响规律，为后续的仿真分析提供数据，为螺杆泵的优化设计提供数据支持。

4.3.2 试验设备

1. 摩擦磨损试验设备

摩擦磨损试验设备采用的是由济南辰达有限公司生产的MDW-100型多功能摩擦磨损试验机，其部分参数见表4-1。此试验机符合ASTM-D5183（2005）标准，采用大销盘摩擦副形式，可以实时显示试验介质温度、摩擦因数、摩擦力、摩擦扭矩、试验力等参数。摩擦磨损试验机的转速、法向载荷和试验温度等参数均能够在一定范围内调整，能够较好地模拟螺杆泵的工作工况，因此，定子衬套摩擦磨损机理的研究工作可以在实验室内进行。

表 4-1　摩擦磨损试验机性能部分参数表

序号	项目名称	参数
1	试验力范围（无级可调）	0～1000N
2	试验力示值相对误差	±1%
3	测定最大摩擦力矩	2500N·mm
4	摩擦力矩示值相对误差	±2%
5	摩擦力荷重传感器	50N
6	摩擦力臂范围	50mm
7	单级无级变速系统	1～3000rad/min
8	主轴转速误差	±1rad/min
9	加热器工作范围	室温-260℃
10	温度控制精度	±1℃
11	试验机主轴锥度	1:7
12	试验机主电机输出最大力矩	6.37N·m

2. 试验机结构

MDW-100微型控制立式多功能摩擦磨损试验机结构外观如图4-1所示。该试验机主要由两大部分组成：试验主机部分和智能微机控制部分。试验主机部分主要分为主轴驱动系统、加热系统、调速系统、摩擦副专用夹具、加载系统、反馈装置以及摩擦副下副盘升降系统等部分。整个试验过程主要通过微机控制系统操作完成。

图 4-1　摩擦磨损试验机结构外观图

3. 试验机工作原理

图 4-2 为 MDW-100 微型控制立式多功能摩擦磨损试验机工作及工作原理示意图。试验机的工作原理如下：安装好橡胶-钢件接触摩擦副(橡胶试件安装在调速装置底端，钢件安装在加载装置顶端凹槽内)，通过调速装置和加载装置调节工作转速和二者之间的法向载荷。在油盒中加稠油介质并保证摩擦副完全浸没在稠油介质中，并通过加热装置调节稠油介质的工作温度，以完成高温环境下橡胶的摩擦磨损试验工作。

(a)试验机工作示意图

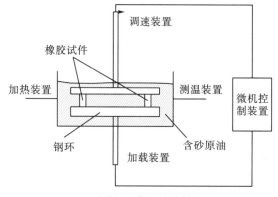

(b)试验机工作原理示意图

图 4-2　试验机工作及工作原理示意图

4. 超声波清洗器和烘干箱

在橡胶摩擦磨损试验完成后,用石油醚等化学药剂对橡胶试件进行清洗,清洗掉原油、砂粒及其他杂质，并放在超声波清洗机(图 4-3)中清洗干净(清洗温度为 40℃，清洗时间为 3min)，然后将清洗干净的橡胶试件放在烘干箱中进行烘干。

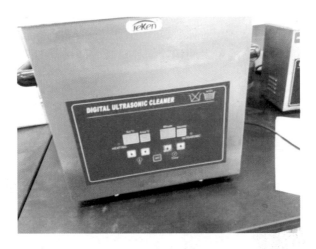

图 4-3　超声波清洗机

5. 电子天平

采用 FA1004 电子天平来测量橡胶试件在试验前后的质量，得出橡胶的磨损量。电子天平的测量范围为 100g，可读性为 0.1mg，重复性≤0.1mg，线性≤0.2mg，具有自动零位跟踪可调、自动校准、动态温度补偿以及过载保护功能。FA1004 电子天平如图 4-4 所示。

图 4-4　电子天平

6. 扫描电镜

试验测量橡胶试件摩擦磨损后表面形貌的仪器为西南石油大学国家重点实验室油气储层围观分析实验室购买的美国 FEI 公司生产的 QUANTA 450 扫描电子显微镜(图4-5)，通过扫描电镜观察橡胶试件磨损形貌的变化来分析橡胶磨损机理。电压可调 200V～30kV，探针电流高达 2μA，倍率可持续调节 20～1000000×(四象限图)，试件的尺寸内径为 284～379mm(从左至右)。在对橡胶试件进行扫描前，将橡胶清洗干净并烘干，然后按一定形状、大小将磨损的橡胶表面切除，并在其表面进行镀金处理，最后进行橡胶表面形貌观察。

图 4-5   QUANTA 450 电子显微镜装置图

4.3.3   试验介质及试件

1. 原油介质

原油介质采用渤海油田提供的稠油介质，其参数见表4-2。

表 4-2   稠油介质参数表

层位	井深	油层初始温度	黏度(50℃)	密度	胶质含量	含蜡量
N/S	350m	20℃	3219mPa·s	0.9627g/cm³	0%	0%

2. 固相颗粒

海洋油田油气藏复杂，且含砂比较高，因此在试验过程中需要一定量的固相颗粒——砂粒，选用的砂粒直径为40～60目，砂粒取自克拉玛依油田。

3. 试验橡胶

试验用橡胶是丁腈橡胶，由成都汉光橡胶有限公司提供。丁腈橡胶具有很好的耐油、耐磨以及耐高温性能。其配方如下：丁腈胶 100，高耐磨炭黑 110，脂肪酸 4，氧化锌 8，焦油 4，脂肪酸 4，改进剂 12，防老剂 D5，硫化剂 3，促进剂 TMTD4，采用硫化工艺，将配制而成的橡胶硫化在直径为 50mm 的硬质钢盘上，如图 4-6 所示[90]。丁腈橡胶的主要力学性能见表 4-3。

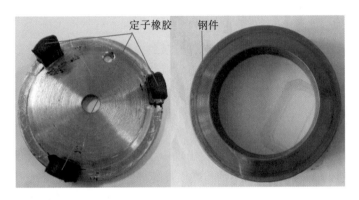

图 4-6　橡胶试件和钢环试件

表 4-3　丁腈橡胶的主要力学性能

主要力学性能	单位	经验标准值	丁腈橡胶
邵氏 A 型硬度	—	65±5	72
拉伸强度	MPa	≥12	22.5
扯裂伸长率	%	500±50	579
200%拉伸强度	MPa	≥8.5	11
撕裂强度	kN/m	30～50	63

4. 试验用钢件

结合试验机加载装置基座和橡胶摩擦试件，本书设计了符合试验要求的钢环，其内径为 38mm，外径为 54mm，高度为 10.5mm，如图 4-6 所示。试验钢环为表面镀铬的 45#钢。

4.3.4　试验流程

1. 试验载荷的确定

查阅相关文献及资料可知，在不同工作条件下采油螺杆泵定子衬套与金属转子之间的压强值范围为 0.2～1.2MPa，摩擦磨损试验过程中，定子橡胶与金属钢圈之间的接触面积约为 $2.47 \times 10^{-4} \text{mm}^2$，结合压强值可知试验过程中所施加的法向载荷为 50～300N，本试验选取 4 组载荷作为试验载荷，分别为 100N、150N、200N、250N。

2. 试验转速的确定

目前，潜油螺杆泵工作的最高转速均在 300rad/min 左右，一般潜油螺杆泵的工作转速为 80～180rad/min，针对双头单螺杆泵的结构参数以及工作环境参数限制，由螺杆泵转子和定子衬套之间的滑动速度公式(2-24)可得啮合点的最大滑动速度约为 0.15m/s，定子橡胶试件的直径为 50mm，依据此最大滑动速度可算出的转速约为 360rad/min。本试验过程中选取 5 组转速作为试验转速，分别为 100rad/min、150rad/min、200rad/min、250rad/min、300rad/min。

3. 试验方法

试验开始前，先将橡胶试件和钢圈试件安装到试验台上，然后对含砂稠油按质量分数（0、5%、10%、15%）进行配比，并搅拌均匀。然后将含砂稠油倒入加载装置顶部的钢槽内，确保液面完全覆盖橡胶试件和金属钢圈的接触面，并将含砂稠油加热至试验温度 55℃。试验开始，试验过程分 3 步：第一步，含砂量和转速不变，改变橡胶和钢圈之间的法向载荷，分析橡胶摩擦因数随法向载荷的变化规律；第二步，保持含砂量和载荷不变，改变定子橡胶的转速，分析橡胶摩擦因数随转速的变化规律；第三步，保持转速和法向载荷不变，改变介质中的含砂量，分析橡胶摩擦因数和磨损量随稠油中含砂量的变化规律。试验结束后，用石油醚以及超声波发生器对橡胶试件进行清洗，清洗掉表面的原油及砂粒等杂质，并进行干燥，最后采用电子天平测量橡胶试件试验前后的质量，计算出橡胶磨损量。

为保证试验结果的准确性，排除因材料表面粗糙度不同而带来的影响，在试验开始前，对橡胶试件表面进行预研磨处理，使橡胶表面粗糙度尽量保持一致。

4. 试验流程图

摩擦磨损试验流程如图 4-7 所示。

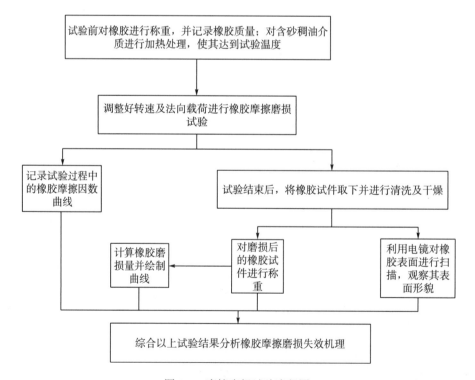

图 4-7 摩擦磨损试验流程图

4.4　试验结果分析

4.4.1　转速对摩擦因数的影响

图 4-8 给出了稠油中含砂量分别为 0 和 5%时，橡胶摩擦因数随转速变化的曲线图。可以看出，当法向载荷不变时，定子橡胶的摩擦因数随着转速的增大先增大后减小，在 250rad/min 时达到最大。橡胶摩擦因数在不同含砂量稠油介质中的摩擦因数随载荷和转速的变化规律相似，不同的是含砂 5%稠油中的橡胶摩擦因数大于不含砂稠油中的橡胶摩擦因数。在含砂稠油介质中摩擦因数较大的主要原因是砂粒的存在增大了橡胶和钢套之间的摩擦力。橡胶摩擦因数随着转速的增大先增大后减小的主要原因是转速增大，产生的热量不能及时散出而在橡胶与钢件的接触部位累积(橡胶导热性差)，导致橡胶的表面出现胶合现象，摩擦因数增大，当转速继续增大，热量持续累积，胶合现象演变为融熔现象，此时在橡胶表面形成一层融熔层，这层融熔层起到了一定的润滑作用，使橡胶与钢件之间的摩擦力减小，进而使摩擦因数减小。

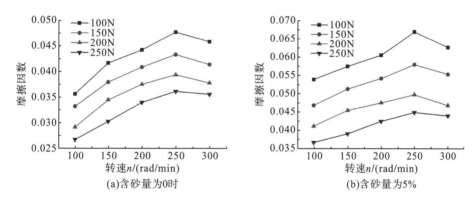

图 4-8　橡胶摩擦因数随转速的变化曲线图

4.4.2　载荷对摩擦因数的影响

图 4-9 给出了稠油介质中含砂量分别为 0 和 5%时，不同转速下，橡胶摩擦因数随法向载荷的变化曲线图。在不含砂和含砂量为 5%的稠油介质中，橡胶的摩擦因数曲线变化相似，同一环境温度和同一转速下，摩擦因数随着法向载荷的增大逐渐减小，且含砂稠油中的橡胶摩擦因数大于不含砂稠油中橡胶的摩擦因数。在橡胶-钢件摩擦试验过程中，随着试件的转动，稠油中的砂粒进入橡胶与钢件相接触的部位，渗到橡胶表面，加大橡胶与钢件之间的摩擦力，从而导致摩擦因数增大。含砂量只影响定子橡胶的摩擦因数，对定子橡胶摩擦因数的变化趋势影响较小。摩擦因数随着载荷的增大而减小，主要原因是载荷增大，橡胶与钢件相接触部位的接触面积增大，导致单位面积上的接触应力减小，同时在二者之间形成的油膜面积也增大，导致摩擦因数减小。

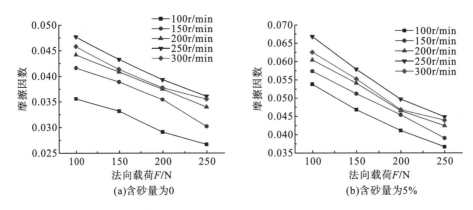

图 4-9   橡胶摩擦因数随载荷的变化曲线图

4.4.3   含砂量对摩擦因数以及磨损量的影响

1. 含砂量对橡胶摩擦因数的影响

图 4-10(a)给出了试验温度为 55℃、试验转速为 150rad/min 时，橡胶摩擦因数随载荷的变化曲线图；图 4-10(b)给出了试验温度为 55℃、试验法向载荷为 150N 时，橡胶摩擦因数随转速的变化曲线图。

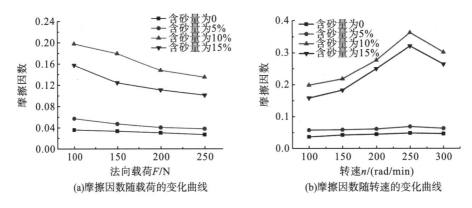

图 4-10   不同含砂量下橡胶摩擦因数的变化曲线图

图 4-10(a)给出了同一转速下，在不同含砂量稠油介质中，橡胶摩擦因数随载荷的变化情况。在同种介质中，随着转速的增大，摩擦因数先增大后减小，主要原因在 4.3.1 节中已经讲述，此处不再赘述。同种载荷和转速下，摩擦因数随着稠油中含砂量的增大先增大后减小，其主要原因是随着砂粒浓度的增加，进入摩擦副接触面的砂粒含量增多，砂粒对橡胶表面的作用力增大，导致摩擦力增大，进而导致摩擦因数增大；当砂粒浓度继续增大，达到一定浓度时，进入摩擦副接触面的砂粒持续增多，而砂粒之间的相互干扰行为也随之增加，导致砂粒对橡胶表面的作用力减小，进而导致橡胶摩擦因数减小。

2. 含砂量对橡胶磨损量的影响

不同含砂稠油介质中，橡胶磨损量随转速和载荷的变化曲线如图 4-11 所示。图 4-11(a)

为试验温度为 55℃、转速为 100rad/min 时，橡胶磨损量随载荷的变化曲线图；图 4-11(b)
为试验温度为 55℃、法向载荷为 100N 时，橡胶磨损量随转速的变化曲线图。

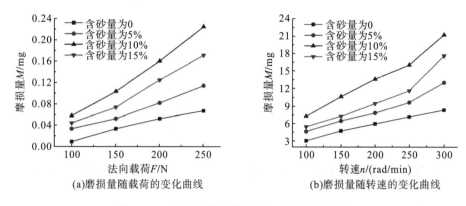

图 4-11　不同含砂量下橡胶磨损量的变化曲线图

从图 4-11 可知，在不同含砂量稠油介质中橡胶磨损量随着载荷和转速的增大而增大。
随着含砂量的增大，橡胶磨损量先增大后减小，在含砂量为 10%的稠油介质中达到最大。
橡胶磨损量随含砂量的增大先增大后减小的原因如下：当稠油介质中砂粒浓度增大，进入
摩擦副表面的砂粒也相应增多，作用到橡胶表面的作用力会增大，导致摩擦力增大，磨损
量增大；当稠油介质中砂粒浓度继续增大，达到一定浓度时，相邻砂粒之间会产生干扰作
用，数量的增多使其产生的干扰作用增大，当干扰力大于其对橡胶的作用力时，砂粒对橡
胶表面的作用次数就会减少，相对应的摩擦力减小，进而导致橡胶磨损量减小。因此，橡
胶的磨损量随着砂粒浓度的增大先增大，达到最大值后逐渐减小。

4.4.4　橡胶磨损表面形貌分析

为研究稠油热采工况下橡胶衬套的磨损失效机理，需对试验后的橡胶表面形貌进行观
察。图 4-12 为同一工作条件下(环境温度为 55℃，法向载荷为 100N，试验转速为 100rad/min)，
不同含砂稠油介质中橡胶表面的磨损形貌扫描电镜图。砂粒含量为 0、5%、10%和 15%稠油
介质中的橡胶表面磨损形貌分别如图 4-12(a)、图 4-12(b)、图 4-12(c)和图 4-12(d)所示。

从图 4-12 可知，在高温含砂稠油介质中，丁腈橡胶的磨损表面存在许多平行但间距
不等的撕裂条纹，在含砂量高的稠油介质中还存在划痕以及犁沟等现象。从图 4-12(a)可
看出，橡胶表面呈现卷曲的舌状物，呈条纹状分布，在高温环境中，随着时间的推移，在
橡胶表面产生的热量堆积而无法排除，导致橡胶表面出现熔融层，在摩擦力的作用下，呈
现出此种形貌；而图 4-12(b)、图 4-12(c)、图 4-12(d)中均出现了划痕，且划痕数目随着
含砂量的增大先增多后减小，这是由于随着含砂量的增大，进入橡胶表面的砂粒数量增多，
而砂粒之间的相互作用力也增大，导致作用到橡胶表面的作用力减小，进而导致对橡胶的
磨损减小。图 4-12(c)展示的形貌表明橡胶磨损最为严重，表层因为磨损呈现大面积的橡
胶脱落，并且砂粒划痕数量最多，磨损后的形貌也较为复杂。同时从图 4-12(b)、图 4-12(c)、
图 4-12(d)还可以看出，磨损后的橡胶表面撕裂的条纹呈现不规则状，这是因为砂粒的不

规则性及摩擦力的相互作用导致砂粒在橡胶表面不但存在滑动摩擦，还存在滚动摩擦。

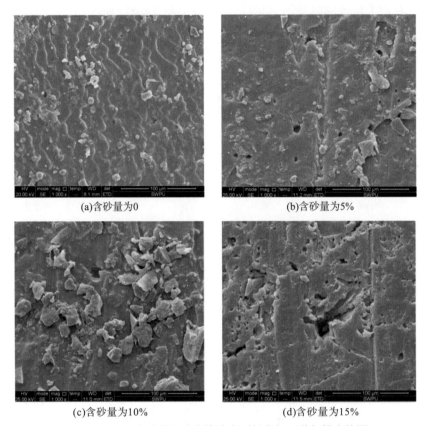

(a)含砂量为0   (b)含砂量为5%

(c)含砂量为10%   (d)含砂量为15%

图 4-12   不同含砂量稠油中橡胶表面的磨损形貌扫描电镜图

4.5   磨损机理分析

  橡胶在高温含砂稠油介质中的磨损主要有疲劳磨损、磨粒磨损和腐蚀磨损，而磨粒磨损是磨损的主要形式。丁腈橡胶的表面呈现间距不等的撕裂条纹、砂粒切削呈现的凹坑和表层疲劳裂纹。当稠油中的砂粒进入橡胶试件和钢件接触界面时，在法向载荷的作用下，砂粒进入橡胶表面，并在摩擦力的作用下沿着滑动方向运动，由于橡胶材料具有弹性，当橡胶的弹性恢复力超过砂粒的滑动摩擦力后，橡胶会迅速反弹，导致在应力集中部位出现不同深度且垂直于运动方向的裂纹[91]。同时，由于砂粒的冲击和切削作用，橡胶表面会出现不同深度的凹坑。在高温作用下，橡胶表面可能还会出现氧化作用，引起表层分子链的断裂。因此，橡胶衬套在稠油介质中的摩擦磨损机理主要如下：在砂粒反复的冲击作用下，橡胶表层由于砂粒的微切削作用而出现微观撕裂和变形，同时，由于橡胶的滞后生热效应导致其表面累积大量的热，大量的热导致温度升高，进而使橡胶氧化降解，在其表层形成一层熔融层，而这层熔融层在砂粒和摩擦力的作用下不断被磨损掉，当旧的熔融层被磨损掉之后，新的熔融层又开始形成，就这样，橡胶表层不断地重复这几个步骤，橡胶就以这种方式被磨损掉。

第 5 章　螺杆泵定子衬套有限元模型

为了深入研究转子在衬套中的运动规律，探究衬套损伤机理，运用虚拟样机技术实现螺杆泵的运动学仿真是一个省时、高效的方法。然而螺杆泵型面形状较为复杂，一般的建模软件难以实现双头单螺杆泵的三维建模。本书利用 SolidWorks 软件完成螺杆泵的三维建模，并在此基础上设计出运动学仿真模型，完成螺杆泵的运动学仿真。该模型的建立可以验证第 2 章中运动学模型的正确性，同时为螺杆泵的运动仿真提供技术方法，还能为第 4 章中的摩擦试验转速取值提供依据。

5.1　有限元法及 ANSYS 分析软件简介

5.1.1　有限元法

有限元法(finite element method)最早出现在 20 世纪 40 年代。1943 年，Courant 在论文中取定义在三角区域上分片连续函数，利用最小势能原理来分析研究 St.Venant 扭转问题，这是有限元的雏形[92]。1956 年，Turner 等[93]第一次给出了用三角形单元求解平面应力问题的真正解答。他们利用弹性理论方程求解出三角形的单元特性，首次提出并介绍了有限元这个名词，即人们所熟知的确定单元特性的直接刚度法，为求解平面复杂问题打开了新局面。从此有限元法步入发展轨道，到 20 世纪 70 年代，随着计算机和软件技术的兴起，有限元法也进入快速发展时期，有关有限元法的论文铺天盖地地发表，学术交流也逐渐频繁，有限元法逐渐被应用到不同的行业和领域，如数学和力学的理论分析以及计算机程序设计等。

有限元法是一种将不易求解的连续函数(求解区域)进行离散化，采用单元求解的方法解决连续函数问题的计算方法。其基本思想可以理解为对于一个连续的求解区域，将其分割成有限个用节点相互联系的单元，并用所假设的近似函数来表示单元内部求解区域上某一待求解区域的未知场函数，而假设的近似函数通常是由未知场函数或者其导数在单元上各节点的数值或插值函数来表示，采用适当的方法对各节点上的数值插值函数进行方程求解，进而得到近似函数的近似解，从而使一个连续的无限自由度问题变成离散的有限元自由度问题，方便分析和求解实际工程问题。有限元法具有分析方法有效且通用性强等优点，很多大型或专用工程设计分析系统均采用此类分析方法。同时，有限元分析法与现有的计算机辅助设计技术相结合，在计算机辅助制造中应用也相当广泛。有限元法分析求解问题的基本过程主要分为 4 个步骤，具体如下。

1. 结构离散化

作为有限元法的第一步,物体的结构离散作用相当重要。通过结构离散,将待求解的物体结构和形态合理地划分成若干个有限大小的单元体,这若干个单元体通过各单元之间的节点互相连接起来组成单元的集合体。针对不同维度的问题,采用的分析方式也不同。一般采用三角形单元和矩形单元分析求解二维问题,采用四面体单元或多面体单元分析求解三维问题。同时,对于研究对象的复杂程度,还要考虑结构离散的方式、单元的选择以及划分方案和数目等问题,这样才能更加合理地描述原本的研究对象。

2. 单元特性分析

研究对象结构被离散化之后,需要对划分单元特性进行分析。单元特性分析就是建立各有限单元节点上的位移和力的连续性方程。例如,平面问题中,三角形单元上有三个节点 i、j、k,每个节点上有两个位移 u、v 和两个节点力 U、V。那么所有的节点位移分量和节点力分量可分别用 $\{\boldsymbol{\delta}\}^e$ 和 $\{\boldsymbol{F}\}^e$ 表示如下:

$$\{\boldsymbol{\delta}\}^e = \begin{bmatrix} u_i \ v_i \ u_j \ v_j \ u_k \ v_k \end{bmatrix}^{\mathrm{T}} \tag{5-1}$$

$$\{\boldsymbol{F}\}^e = \begin{bmatrix} U_i \ V_i \ U_j \ V_j \ U_k \ V_k \end{bmatrix}^{\mathrm{T}} \tag{5-2}$$

依据弹性力学理论中的弹性力学基本方程和虚功原理可以得出节点力向量和位移向量的关系:

$$\{\boldsymbol{F}\}^e = [\boldsymbol{K}]^e \{\boldsymbol{\delta}\}^e \tag{5-3}$$

式中,$[\boldsymbol{K}]^e$ 为单位刚度矩阵,取决于材料的性质、形状和尺寸。

3. 整体分析

单元特性分析完成后,需将离散的各个单元按照原始结构重新连接,形成整体结构的有限元方程。求解分析整体结构的有限元方程,需要知道整体结构的刚度矩阵,整体刚度矩阵由单元刚度矩阵组合而成,因此分析由各个单元所组成的整体结构,需要建立节点外载荷与节点位移的关系,才能求解出节点位移。以平面上一点 i 为例(图 5-1),点 i 的节点力和节点平衡方程如下。

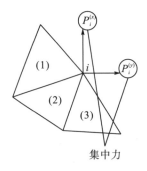

图 5-1　节点外载荷与节点位移示意图

点 i 节点力方程：

$$F_{ix}^{(1)} + F_{ix}^{(2)} + F_{ix}^{(3)} = \sum_e F_{ix}^{(e)}$$
$$F_{iy}^{(1)} + F_{iy}^{(2)} + F_{iy}^{(3)} = \sum_e F_{iy}^{(e)}$$

(5-4)

点 i 节点平衡方程：

$$\sum_e F_{ix}^{(e)} = P_i^{(x)}$$
$$\sum_e F_{iy}^{(e)} = P_i^{(y)}$$

(5-5)

最后将所有单元组合起来得到整体节点外载荷和节点位移间的关系式，即

$$[K]\{\delta\} = \{R\}$$

(5-6)

式中，$[K]$ 为结构整体刚度矩阵；$\{\delta\}$ 为全部节点位移组成的阵列；$\{R\}$ 为全部节点外载荷组成的阵列。

4. 方程求解

针对整体分析中方程组的整体特点，选择合适的求解方法来完成求解，一般方程组的系数矩阵是正定的，保证了解的唯一性。传统有限元法的数值计算方法中，主要采用直接(direct)法和迭代(iterative)法两种方法求解。

5.1.2　ANSYS 有限元分析软件

ANSYS 有限元分析软件(简称 ANSYS 软件)是一种功能强大、应用灵活、操作方便，融结构、电场、热力耦合、流场、磁场、声场分析于一体的大型通用有限元分析软件。在航空航天、土木工程、石油化工、汽车制造、机械制造、生物医学、水利水电以及日用家电等领域应用广泛。它的分析类型主要为结构静力、动力学及非线性分析、动力学和流场力学场分析以及热和电磁场分析等。用户在使用此款软件进行产品的功能或者结构设计时，可直接对设计的产品性能进行有限元分析，进而可以及时地发现产品的问题和缺陷，进而对其进行优化和改进，减少产品的试验次数，缩短生产周期，降低生产成本，确保设计和生产出的产品具有更高的可靠性和科学性[94]。

ANSYS 软件能够实现与大部分 CAD 软件之间的数据交换和共享功能，其接口可以实现与 Pro/Engineer、SolidWorks、UG、ADMAS、AutoCAD 等软件的衔接。同时它还能够识别其他二维和三维绘图软件所保存的以.igs、.prt、._x_t、.dwg、.sat 等为后缀名的文件。

本章的主要研究内容是橡胶衬套热力耦合有限元分析，主要进行橡胶衬套的应力应变分析和温度场分析，这两种分析中主要涉及结构动力学分析和结构非线性分析，即橡胶的材料非线性、橡胶衬套和转子接触的非线性以及大变形引起的几何非线性[52]。ANSYS 软件具有强大的非线性分析功能，因此本书采用 ANSYS 15.0 对螺杆泵定子衬套热力耦合场进行仿真分析[95]。

5.2　有限元计算模型的构建

5.2.1　两种壁厚的螺杆泵定子

常规定子是将橡胶注压到内外表面均为圆柱面的钢套内形成的，定子三维模型如图 5-2 所示。衬套的外表面也为圆柱面，而内表面为三线螺旋曲面。由于其在工程中应用最为广泛并且厚薄不均，所以称作常规定子。

图 5-2　双头单螺杆泵常规定子三维模型图

常规定子对橡胶的力学性能和生产工艺要求较为严格。传统的定子生产工艺有注射法和压注法，其中压注法又分为径向压注法和轴向压注法。这两种方法均有注胶和硫化两道工序，劳动强度大，生产效率低。为解决传统定子生产工艺的缺点，一些新的生产工艺方法已被研发，如一步注射成型法。该方法最大的技术优势就是能够就地加热硫化制品，无须像传统工艺那样将橡胶送到硫化罐进行硫化，大幅度提高了生产效率。

等壁厚定子是螺杆钻具和螺杆泵产品领域近年来开发的最新技术[96,97]，具有散热性能好、受力均匀等特性，在工程中逐渐被推广，其三维模型如图 5-3 所示。衬套的内外轮廓以及钢套的内轮廓均为三螺旋曲面，因其厚度处处相等而得名。根据定子钢套外部轮廓加工方法的不同，又可将等壁厚定子分为两种类型：一种是钢套外表面为圆柱形的直筒式等壁厚定子；另一种是钢套外表面整体为螺旋形的螺旋式等壁厚定子。

等壁厚定子对橡胶的力学性能和生产工艺要求更为严格。目前，常用的定子生产工艺有铸造和成型两种方法。但这两种生产方法精度较难保证，生产成本较高，在批量生产中并不适用。随着工艺技术的发展，二次浇注的工艺方式被成功应用在等壁厚定子的生产中。该方法首先需要用钢体制成螺杆泵定子钢套，然后用大直径模芯将硬度较大的成型层浇铸在钢套内壁，最后用直径较小的转子模芯在成型层内浇铸硬度较小的橡胶材料，形成等壁厚定子[98]。

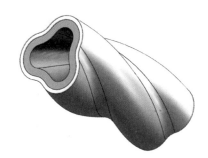

(a)直筒式等壁厚定子　　　　　　　　　　　(b)螺旋式等壁厚定子

图 5-3　双头单螺杆泵等壁厚定子三维模型图

综上所述,等壁厚螺杆泵由于定子钢套结构复杂,因此加工成本高于常规定子。但对于价格较高的橡胶材料(如氟橡胶、氢化丁腈橡胶),等壁厚定子衬套能够减少橡胶用量,这样会使定子的总成本降低一些,并且采用价格昂贵、性能良好的橡胶,也可以减少更换定子的成本,降低现场事故发生率,提高经济效益。

5.2.2　有限元计算模型

1. 物理模型

螺杆泵定子橡胶的弹性模量远小于钢套和金属转子的弹性模量,且主要关心螺杆泵定子的受力变形情况,因而可以将钢套和转子简化为刚体。同时为简化模型,将定子钢套去掉,位移约束直接施加在橡胶衬套外壁。定子衬套与转子间的接触面法向采用硬接触,保证了两个接触面之间无穿透现象发生;切向采用罚函数定义摩擦因数,摩擦因数的取值范围由第 4 章的摩擦学试验确定。张劲和张士诚[99]、石昌帅等[100]的研究表明,在内压作用下,螺杆泵定子衬套的应力应变问题可以用平面应变模型代替三维模型求解。为了减少计算求解时间,提高求解效率,本书建立双头单螺杆泵平面有限元模型如图 5-4 所示。其中,常规衬套的模型尺寸如下:偏心距为 7.5mm,等距半径为 15mm,衬套外径为 95mm;等壁厚衬套取常规衬套壁厚最薄处(10mm)作为壁厚值,其余几何参数与常规衬套相同。

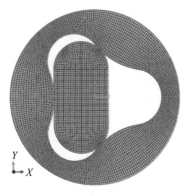
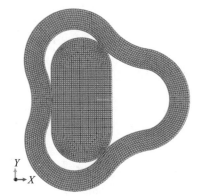

(a)常规型　　　　　　　　　　　　　　　(b)等壁厚型

图 5-4　螺杆泵有限元计算模型

图 5-5 为某时刻定转子在啮合状态下的密封腔室平面模型，每个密封腔室的液体压力关系根据液体流动方向确定。工作过程中，假设螺杆逆时针自转，则 *AB* 腔室工作面积逐渐减小，压出液体，为排除腔，工作压力最大；*BC* 腔室工作面积逐渐增大，形成负压吸入液体，为吸入腔，工作压力最小；*AC* 腔室的压力介于二者之间，为中间腔室。

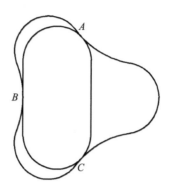

图 5-5   密封腔室平面模型

为了更加清楚和直观地表达衬套内壁对应位置的受力和变形情况，建立了衬套腔室在圆周方向的极坐标路径 *L*，如图 5-6 所示。其中 60°、180°、300° 为衬套内壁凸起处，相应的 0°(360°)、120°、240° 为衬套内壁凹陷处，30°、90°、…、330° 为凹凸交界处。这样定义路径后，衬套内腔室上的每一点在圆周上都有了对应的角度。

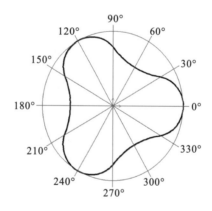

图 5-6   衬套内腔室圆周路径 *L*

2. 模型参数

在第 2 章中已经建立了螺杆泵的物理模型，螺杆泵常规模型的二维平面和三维实体模型(除去钢套)如图 5-7 所示。模型具体的力学参数和热参数如下：转子材料为钢，弹性模量 E 为 201GPa，泊松比为 0.3，密度 ρ 为 7800kg/m³；橡胶材料泊松比为 0.499，密度 ρ 为 1500kg/m³，热膨胀系数 α 为 1×10^{-5}，导热系数 κ 为 0.1465W/(m·℃)，比热容 c 为 840J/(kg·℃)，损耗因子 tanδ 为 0.075。选用 M-R 本构模型来描述橡胶衬套的力学性能。常规定子衬套的 2D 和 3D 有限元模型如图 5-8 所示。

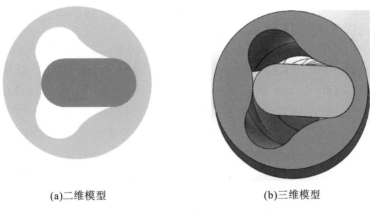

(a)二维模型　　　　　　　　(b)三维模型

图 5-7　常规定转子二维模型和三维模型

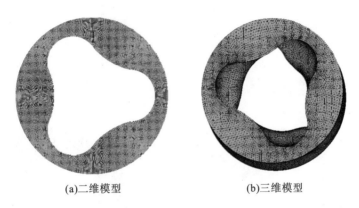

(a)二维模型　　　　　　　　(b)三维模型

图 5-8　常规定子衬套有限元二维模型和三维模型

3. 边界条件

首先对螺杆泵定子衬套进行应力应变分析，求出节点生热率，然后将求出的节点生热率作为热源载荷加载到定子衬套温度场中，在此过程中必须保证温度场的有限元网格与应力应变场网格完全对应，最后进行定子衬套热力耦合计算求解。定子工作时的初始温度场为恒温场，其温度等同于井下介质温度，当螺杆泵工作稳定后，其定子壳体的温度仍等同于井下介质温度。定子衬套内表面与输送稠油介质之间采用对流换热条件。

4. 基本假设

(1)螺杆泵在工作过程中，导致定子衬套温升的热源为橡胶黏弹性滞后生热所损失的热量，忽略摩擦生热和橡胶衬套与外界环境之间的热辐射影响。

(2)螺杆泵的工作环境稳定，达到热平衡状态，且橡胶衬套的温度场达到热平衡状态，即衬套温度场分析为稳态热传导模型分析。

(3)衬套橡胶材料的各向同性，橡胶特性不依赖温度，即不影响橡胶衬套的力学性能，忽略橡胶松弛的影响；轴向无温度梯度，即橡胶衬套与定子钢套轴向没有热传导过程，定子衬套与转子在各截面相同。

5.2.3 网格无关性验证

为了减小网格大小对求解结果的影响，分别对边界条件相同，网格种子尺寸为 1.5mm、1mm、0.8mm、0.5mm 的模型进行计算，各模型尺寸计算结果的 Mises 等效应力云图如图 5-9 所示；沿圆周方向的内腔室位移曲线如图 5-10 所示；可以看出，当网格尺寸小于 0.8mm 后，继续细化网格计算结果也几乎保持不变。考虑到现有的计算机资源，本书选用种子尺寸为 0.8mm 的网格模型用于计算。

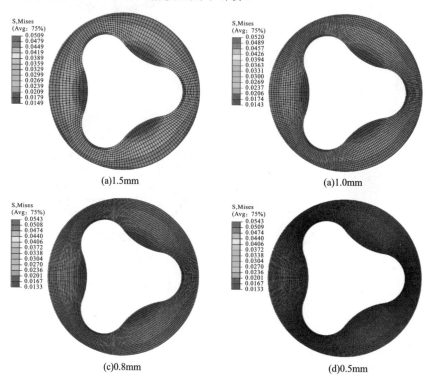

图 5-9　不同种子尺寸的计算模型等效应力云图

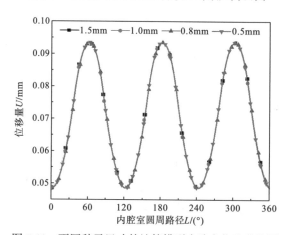

图 5-10　不同种子尺寸的计算模型内腔室位移曲线图

5.3　初始装配时的密封性能分析

以 0.4mm 过盈量将转子与衬套进行装配(即转子的最大外径比衬套的最小内径大0.8mm)，接触计算结果如图 5-11 所示。从二者的计算结果云图可以看出，在初始装配状态下常规衬套和等壁厚衬套与转子接触时，其 Mises 应力、接触压力的分布规律基本一致，最大值均出现在接触部位。可以明显看出，等壁厚衬套的 Mises 应力扩散至衬套外壁，这对衬套与定子钢套的黏结强度提出了更高的要求。而等壁厚衬套的最大接触压力大于常规衬套，在相同过盈量下，等壁厚衬套的密封性能更好。如果在双头单螺杆泵中使用等壁厚衬套，则应设计较小的过盈量，这样既能减小螺杆泵的漏失，又能延长衬套的寿命。

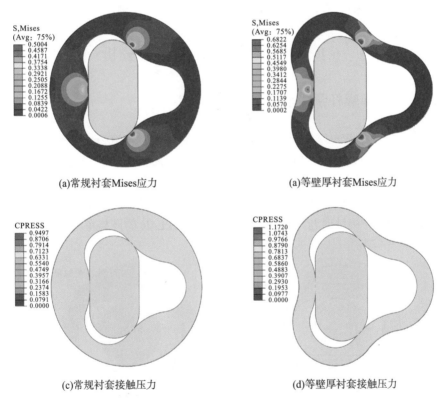

(a)常规衬套Mises应力　　　　　　　　　(a)等壁厚衬套Mises应力

(c)常规衬套接触压力　　　　　　　　　(d)等壁厚衬套接触压力

图 5-11　衬套在初始装配状态下的密封性能计算结果

第6章　螺杆泵定子衬套磨损分析

由摩擦磨损试验分析可知,定子橡胶承受的法向载荷对摩擦因数影响较大。螺杆泵在实际工作中,定转子间的初始过盈量以及工作压差是决定定子橡胶所受载荷的主要因素,本章采用有限元方法对高温含砂稠油介质中单头螺杆泵转子与定子衬套进行接触分析,研究了摩擦因数、初始过盈量和工作压差等参数对定子衬套接触磨损的影响规律。分析结果为单头螺杆泵的合理使用和优化设计提供参考,与第7章螺杆泵力学性能分析结果结合有助于读者了解螺杆泵的特点。

6.1　常规厚螺杆泵的接触分析

6.1.1　常规厚螺杆泵模型

以 CLB500-14 型常规螺杆泵为例建立模型,钢套外径为 102mm,壁厚为 10mm,定子外径为 92mm,螺杆直径为 42mm,定子与螺杆偏心距为 7.5mm。为简化模型,去掉定子钢套,将位移约束直接施加在定子橡胶衬套外壁。螺杆泵的平面几何模型及有限元模型如图 6-1 所示。假定转子沿顺时针方向旋转,转子接触部位在定子衬套中间部位,采用罚单元描述定转子间的接触问题,定子和转子均采用 CPE4R 的网格单元[101]。

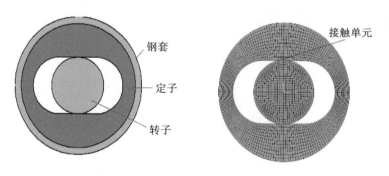

图 6-1　螺杆泵几何模型和有限元模型

定子衬套的剪应变和位移量是描述其磨损情况的重要参数[88]。在如图 6-1 所示的螺杆泵左腔室施加 0.5MPa 压力,右侧腔室施加 1MPa 压力,工作压差为 0.5MPa,环境温度为70℃,摩擦因数为 0.3,过盈量为 0.2mm 的工况下,定子橡胶的剪应变和位移分布如图 6-2所示。

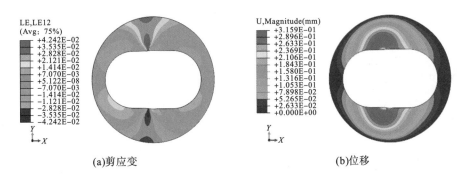

(a)剪应变　　　　　　　　　　　　　　(b)位移

图 6-2　定子衬套的剪应变和位移分布

可以看出,最大剪应变出现在靠左侧的接触点,为 0.0424%,沿衬套外侧依次递减。在衬套外侧由于钢套的约束,剪应变会有少量增加。最大位移量约为 0.316mm,并未出现在接触点而是出现在接触位置附近,且左侧的位移量大于右侧的位移量,位移量沿衬套外侧依次减小。衬套上下两部分的剪应变和位移量均沿 X 轴对称分布。造成螺杆泵衬套剪应变和位移左右分布不均的原因是腔室右侧工作压力大于左侧工作压力,螺杆泵定子衬套右腔室轮廓变形大于左腔室,在接触位置,定子衬套相对于转子有向右的滑移,转子相对定子衬套有向左的滑移,所以接触位置由定子衬套中间偏向了左侧。

6.1.2　摩擦因数和过盈量对定子衬套磨损的影响

图 6-3 给出了不同摩擦因数 μ、不同过盈量 δ 下,螺杆泵定子衬套的最大剪应变和最大位移量变化曲线。从图 6-3(a)可以看出,当过盈量一定,摩擦因数由 0.2 增至 0.6 时,螺杆泵定子衬套的剪应变随着摩擦因数的增大而增大,但增幅较小,分别为 0.016%、0.456%、0.273 %、0.384%和 0.96%。当过盈量为 0.5mm 时,摩擦因数的增大会使剪应变显著增大,此时因为初始过盈量较大,定转子间存在较大的接触应力,所以摩擦因数的改变对剪切应力影响较大,从而影响剪应变。摩擦因数一定,螺杆泵定子衬套的剪应变随过盈量的增大而增大,且增量较大。当过盈量大于 0.3mm 时,继续增大过盈量,会明显增加定子衬套所受剪应变。

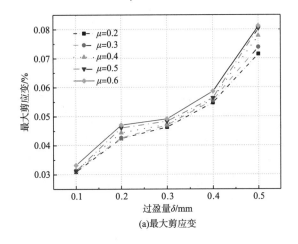

(a)最大剪应变

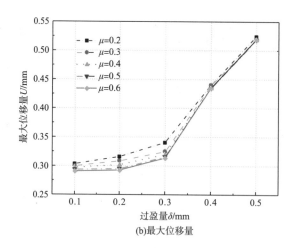

(b)最大位移量

图 6-3　定子衬套最大剪应变和最大位移量随过盈量的变化曲线

　　图 6-3(b)给出了螺杆泵定子衬套的最大位移量,该参数可以衡量定子衬套受挤压的程度。定子衬套的位移随着摩擦因数的增大而减小,随着过盈量的增大而增大,且过盈量对位移的影响远大于摩擦因数对位移的影响。定子衬套表而越粗糙,对接触表面的相对滑移阻碍越明显,从而减小了定子衬套的位移量。当过盈量大于 0.3mm 时,过盈量的增大会显著增大定子衬套的位移量。初始过盈量越大,定转子间的密封性能更好,但是定子衬套所受的挤压变形也会随之增大。

6.1.3　工作压差对定子衬套磨损的影响

　　为研究工作压差对定子衬套磨损的影响,图 6-4 给出了初始过盈量为 0.3mm,摩擦因数为 0.3,工作压差分别为 0、0.4MPa、0.8MPa、1.2MPa 时定子衬套的剪应变云图。定子衬套的最大剪应变随着压差的增加而增大,增幅分别为 0.24%、1.491% 和 1.504%。定子衬套相对转子向右的滑移也随之增大,接触点由对称分布逐渐偏向左侧,受剪区域由接触点附近沿径向扩散至衬套外侧。当压差达到 1.2MPa 时,最大剪应变为 7.172%,在衬套接触点和外侧同时出现。仿真结果表明,螺杆泵工作时,定子衬套在周期性载荷的作用下,除内轮廓会受到磨损外,与钢套相接的衬套外壁面还会发生黏着磨损,并且内外壁面发生磨损的位置存在对应关系。该结论对解释文献所述的螺杆泵定子衬套黏着磨损失效具有一定的参考价值[101]。

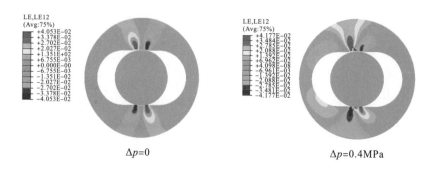

　　　　　　$\Delta p=0$　　　　　　　　　　　　　　　　$\Delta p=0.4\text{MPa}$

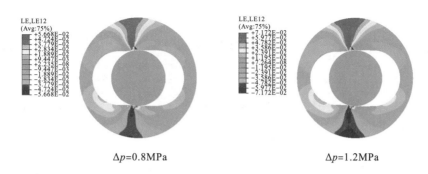

$\Delta p = 0.8\text{MPa}$　　　　　　　　　　　　$\Delta p = 1.2\text{MPa}$

图 6-4　不同工作压差下定子衬套的剪应变分布

6.2　等壁厚螺杆泵的接触分析

6.2.1　等壁厚螺杆泵模型

建立等壁厚螺杆泵二维模型，刚体外套直径为 100mm，定子橡胶衬套厚度为 8mm，转子直径为 42mm。为简化模型，将定子钢套去掉，位移约束直接施加在定子橡胶衬套外壁上。等壁厚螺杆泵的横截面结构以及去除定子钢套的有限元模型如图 6-5 所示。定子和转子接触界面采用点到面的接触单元[88]。

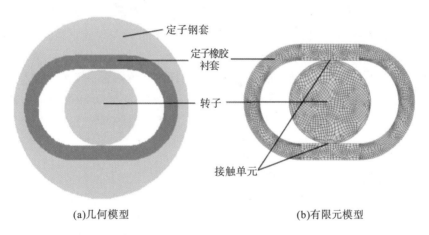

(a)几何模型　　　　　　　　　　　　(b)有限元模型

图 6-5　等壁厚螺杆泵几何模型和有限元模型

在实际工作过程中，定子橡胶衬套承受的力主要来自输送液体压力、原油砂粒摩擦力和定转子之间的摩擦力[102]。定转子之间的摩擦因数以及过盈量对定子橡胶的磨损以及受力变形有很大影响。在本书的计算模型中，假定转子沿顺时针方向旋转，转子接触部位在定子橡胶衬套中间位置。如图 6-5 所示，在螺杆泵左侧腔室施加 0.5MPa 压力，右侧腔室施加 1MPa 压力，工作压差为 0.5MPa，环境温度为 60℃，摩擦因数为 0.5，过盈量为 0.1mm 的工况下，定子橡胶的应力、应变和位移分布如图 6-6 所示。

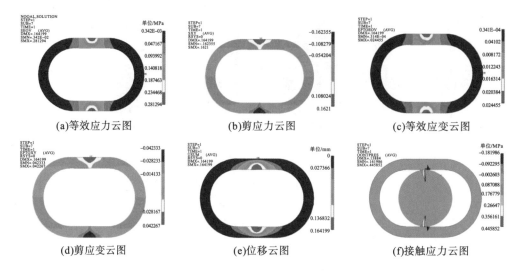

图 6-6   定子衬套应力、应变和位移分布

图 6-6(a) 和图 6-6(c) 给出了定子橡胶衬套的等效应力和等效应变, 最大等效应力和最大等效应变均出现在靠近二者接触部位定子衬套的外侧, 最大等效应力为 0.282MPa, 最大等效应变为 0.0250。剪应力和剪应变的变化如图 6-6(b) 和图 6-6(d) 所示。最大剪应力为 0.162MPa, 最大剪应变约为 4.23%, 且最大剪应力和最大剪应变也出现在接触部位定子衬套的外侧, 并沿衬套 X 轴呈对称分布。图 6-6(e) 给出了定子衬套之间的位移量变化, 最大位移出现在定转子接触部位内侧, 最大值为 0.164mm, 与设定过盈量 0.1mm 相比, 增大了 0.064mm, 此时定子衬套和转子之间存在缝隙, 会发生漏失现象。图 6-6(f) 给出了定转子之间的接触应力分布, 最大接触应力出现在接触位置附近, 但接触应力由于存在工作压差的缘故而不再左右对称, 左侧的应力较大, 最大压力为 0.446MPa。右侧腔室的工作压力大于左侧, 转子挤压橡胶导致其发生变形, 定转子接触部位向左侧偏移, 造成应力分布不均。

6.2.2   过盈量对定子衬套磨损的影响

表 6-1 列出了摩擦因数为 0.5、环境温度为 60℃时, 定子橡胶衬套的应力应变随过盈量变化的计算结果。在 0.5MPa 工作压差下, 定子橡胶衬套的最大等效应力、最大等效应变、最大变形量和最大剪应变均随着过盈量的增大而逐渐增大。过盈量从 0.1mm 增至 0.5mm (每次增加 0.1mm) 的过程中, 最大等效应力分别增大了 0.098MPa、0.203MPa、0.214MPa、0.227MPa, 最大变化率为 263.74%。位移量随过盈量增大而最终增大 182.25%, 等效应变和剪应变的增幅分别为 270.92% 和 129.17%。因此可知, 过盈量对定子橡胶衬套磨损的影响作用最为明显。过盈量为 0.1mm, 定子衬套的位移量为 0.164mm, 位移量大于过盈量, 此时橡胶衬套与转子之间存在缝隙, 易发生漏失。当过盈量大于 0.2mm 时, 衬套位移量均小于过盈量, 此时衬套与定子处于挤压状态, 二者之间能够很好地形成密封腔室, 减少输送原油的漏失。因此, 在设计定子的过程, 选择合理的初始过盈量, 不但能够减小定子磨损, 延长使用寿命, 还能提升螺杆泵的采油效率, 降低采油成本。

表 6-1　相同摩擦因数不同过盈量下定子橡胶衬套的计算结果

过盈量/mm	最大等效应力/MPa	最大等效应变	位移量/mm	最大剪应变
0.1	0.28129	0.02445	0.16420	0.04227
0.2	0.37943	0.03717	0.18200	0.04666
0.3	0.58236	0.05746	0.27080	0.05919
0.4	0.79602	0.07299	0.36753	0.07804
0.5	1.02316	0.09069	0.46368	0.09687

6.2.3　摩擦因数对定子衬套磨损的影响

表 6-2 给出了过盈量为 0.1mm、环境温度为 60℃、不同摩擦因数时，定子橡胶接触磨损的计算结果。由表 6-2 可知，定子橡胶衬套最大等效应力、最大等效应变、位移量和最大剪应变均随着摩擦因数的增大而增大，但增大幅度相对较小。摩擦因数从 0.2 增至 0.5（每次增加 0.1），定子橡胶衬套的最大等效应力、最大等效应变、位移量和最大剪应变分别增大了 3.78%、8.23%、16.87%和 5.20%。与过盈量的影响相比，摩擦因数对定子衬套的应力应变场影响相对较小。图 6-7 给出了不同摩擦因数和不同过盈量下，最大等效应力和位移量的变化情况。从图 6-7 可以看出，过盈量对定子衬套应力应变场的影响远大于摩擦因数的影响。在实际工作过程中，摩擦因数越小，摩擦力也越小，当定转子之间的挤压作用力一定时，定子橡胶衬套受到的磨损也越小。

表 6-2　相同过盈量、不同摩擦因数下定子橡胶衬套的计算结果

摩擦因数	最大等效应力/MPa	最大等效应变	位移量/mm	最大剪应变
0.2	0.27105	0.02259	0.14050	0.04018
0.3	0.27564	0.02345	0.14790	0.04045
0.4	0.27718	0.02383	0.15580	0.04060
0.5	0.28129	0.02445	0.16420	0.04227

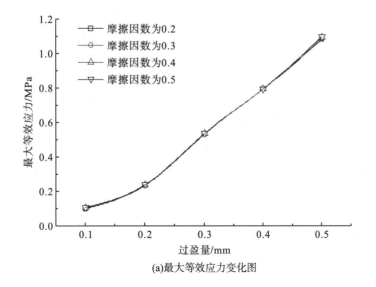

(a)最大等效应力变化图

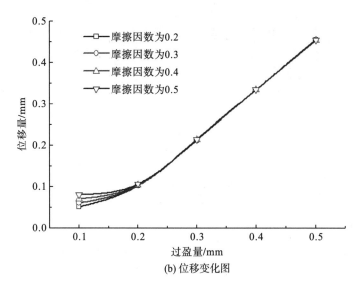

(b) 位移变化图

图 6-7　定子橡胶衬套的最大等效应力和位移图

第7章　螺杆泵定子衬套力学性能分析

双头单螺杆泵所处的井下高温高压环境以及定转子之间的大摩擦扭矩都会对定子衬套的使用性能造成损伤。而衬套作为螺杆泵的主要组成部件，其性能直接影响着螺杆泵的工作效率和使用寿命，所以有必要对衬套在作业中的使用状况进行检测。但由于工作环境的复杂性，目前尚无有效的方法能够对井下衬套的受力状态和变形情况进行测试。本章将借助 ABAQUS 软件强大的非线性分析能力，对常规橡胶衬套和等壁厚衬套进行有限元仿真计算，研究了均匀内压作用下衬套的稳定性、非均匀内压下衬套的接触特性及热源作用下的热膨胀效应，并依据计算结果探讨衬套的力学性能。

7.1　均匀内压作用下的稳定性分析

7.1.1　衬套稳定性能分析

采油螺杆泵进出口工作压差一般为 5～20MPa，泵级数一般为 5～14 级，单级承压为 0.5～1.2MPa[64]。假设液体压力完全作用于橡胶衬套内壁，即在求解过程中将均匀压力直接作用于衬套内壁。以下为环境为 90℃时常规衬套和等壁厚衬套在 10MPa 均匀压力作用下的力学性能对比。

1. 位移

从图 7-1 中的橡胶衬套位移云图可以看出，常规衬套在 10MPa 均匀压力下的最大位移是 0.187mm，最大位移较为集中地出现在衬套凸起部位。而等壁厚衬套在 10MPa 均匀压力下的最大位移仅为 0.088mm，最大位移发生在圆弧凹陷部位，小于常规衬套位移量的 1/2。考虑到螺杆表面与衬套内腔室的接触情况，凸起部位由于接触面积更小，此处过大的位移量会最大限度地降低衬套的密封性能，从而发生漏失现象。如果要求螺杆泵在井下 10MPa 的压力下能正常工作，即保证各个密封腔室之间不互相连通和泄漏，使用常规型衬套至少要保证与转子间的过盈量达到 0.187mm；而使用等壁厚衬套，过盈量只需达到 0.088mm 即可保证密封。

图 7-2 为衬套内腔室位移变化曲线。结合图 7-1 能够发现，两种类型的衬套位移量的分布规律是与各自的位移云图一致，并且这种分布规律沿着衬套内腔室呈周期性变化，周期为 120°。同时可以看出，常规衬套的位移曲线平整光滑，位移量大，其中内壁凸起处位移最大，圆弧凹陷处位移最小。等壁厚衬套内壁位移整体变化范围较小，内壁凸起处位移最小，圆弧凹陷处位移最大，这与常规衬套的位移分布规律恰恰相反。并且等壁厚衬套的位移曲线不够光滑，"打折"现象发生在凹凸交界处。

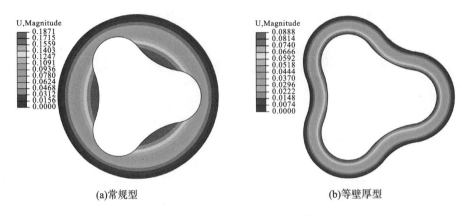

(a)常规型　　　　　　　　　　(b)等壁厚型

图 7-1　10MPa 均匀内压作用下衬套位移云图

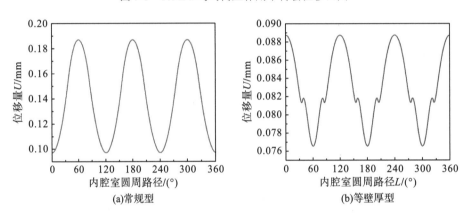

(a)常规型　　　　　　　　　　(b)等壁厚型

图 7-2　10MPa 均匀内压作用下衬套内腔室位移曲线

2. Mises 应力

图 7-3 为 10MPa 均匀内压作用下衬套的 Mises 应力云图；图 7-4 为相对应的内腔室 Mises 应力变化曲线。可以看出，双头单螺杆泵常规橡胶衬套和等壁厚衬套的 Mises 应力分布规律几乎相同，圆弧凸起处的 Mises 应力远小于凹陷处的应力，Mises 应力值由衬套圆弧凹陷部位沿凸起部位逐渐减小，整个衬套内壁的 Mises 应力分布呈现明显的周期性规

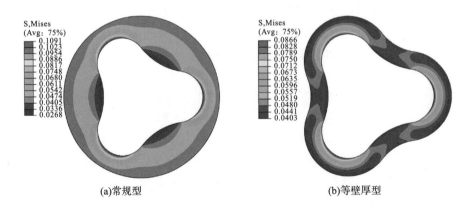

(a)常规型　　　　　　　　　　(b)等壁厚型

图 7-3　10MPa 均匀内压作用下衬套 Mises 应力云图

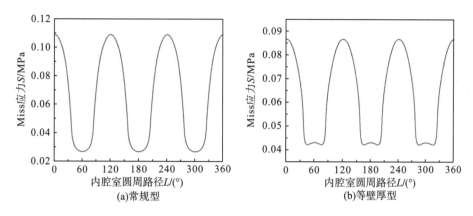

图 7-4　10MPa 均匀内压作用下衬套内腔室 Mises 应力曲线

律。需要注意的是，常规衬套的曲线平整光滑，等壁厚衬套的 Mises 应力在凸起和凹陷处有起伏：两种类型衬套的最大 Mises 应力均出现在圆弧凹陷处，而最小应力所在位置却有所差异，常规衬套的最小 Mises 应力出现在圆弧凸起处，等壁厚衬套则出现在凹凸交界并靠近凸起的位置。在 10MPa 的内压作用下，常规衬套的最大 Mises 应力达到了 0.1091MPa，而等壁厚型衬套的最大应力仅为 0.0866MPa，表明当使用相同的材料时，等壁厚衬套具有更高的强度。

3. 剪切应力

常规衬套和等壁厚衬套的剪应力计算结果如图 7-5 所示。通过云图可以看出，二者的剪切应力分布规律几乎相同，都是在内壁凸起处最小，凹陷处最大，分布规律与 Mises 应力分布相似。对比内腔室的剪切应力曲线可以发现，常规衬套的最大剪切应力略大于等壁厚衬套，但二者在相同位置处的剪切应力比较接近，若以 180°为对称轴，则左右两边对应位置处的剪切应力在大小上是相等的。

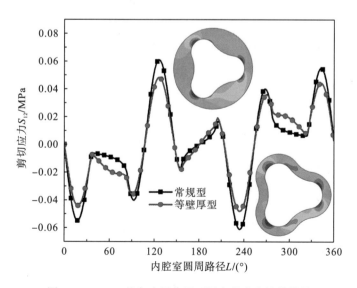

图 7-5　10MPa 均匀内压作用下衬套剪应力计算结果

7.1.2 压力对衬套稳定性能的影响

对橡胶衬套的内壁施加 2~10MPa（增幅为 2MPa）的均匀内压，研究工作压力对衬套变形的影响。图 7-6 为常规衬套和等壁厚衬套在不同压力下的位移曲线。可以看出，压力只会影响位移量而不会改变内腔中的位移分布规律。常规衬套内腔不同位置处的增幅不相等，圆弧凸起处增幅最大，圆弧凹陷处增幅最小；等壁厚衬套在内腔各位置的增幅基本相等，表明等壁厚衬套的整体稳定性高于常规衬套，不容易因为局部变形过大而发生漏失。对比两图还可以发现，在相同的内压下，等壁厚衬套的最大位移量大致等于常规衬套的最小位移量。压力由 2MPa 增至 10MPa 时，常规衬套的最大位移量从 0.037mm 增大到 0.187mm，增幅达到 0.150mm；而等壁厚衬套的最大位移量从 0.018mm 增至 0.088mm，增幅仅为 0.070mm，小于常规衬套的一半，由此说明等壁厚衬套对压力的敏感程度低于常规衬套，能更好地抵抗变形。

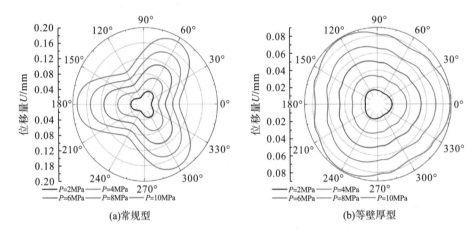

(a)常规型   (b)等壁厚型

图 7-6 不同压力下衬套内腔室位移曲线

两种类型的衬套的最大 Mises 应力、最大剪切应力随工作压力的变化情况如图 7-7、图 7-8 所示。可以看出，随着压力的增大，衬套的最大 Mises 应力、最大剪切应力均随之

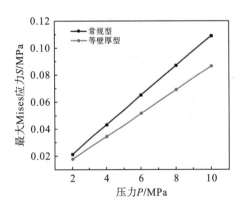
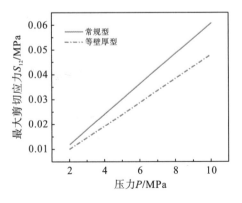

图 7-7 衬套最大 Mises 应力随压力的变化曲线   图 7-8 衬套最大剪切应力随压力的变化曲线

增大，等壁厚衬套的应力增长速度较常规衬套缓慢。由于等壁厚衬套在相同压力下的最大应力值较常规衬套小，且对外界压力的敏感程度较低，可以推断，等壁厚衬套具有更强的抗压能力，比常规衬套更适合在深井、超深井等高压环境中作业。

7.1.3 温度对衬套稳定性能的影响

对不同温度下的衬套受力状况进行仿真，研究温度对橡胶衬套性能的影响。此处不考虑热力学问题，以第 4 章中得出的本构模型常数值设定不同温度环境中的材料参数。常规衬套和等壁厚衬套在 10MPa 均匀内压下不同温度环境中的位移和 Mises 应力计算结果见表 7-1。从表中可知，当内压相同时，常规衬套和等壁厚衬套的最大 Mises 应力均在 150℃时有最大值，在 90℃时有最小值，但总体变化范围较小，仅为 0.0004MPa。

表 7-1 橡胶衬套不同温度下的计算结果

计算结果		30℃	60℃	90℃	120℃	150℃
最大位移/mm	常规型	0.358	0.220	0.187	0.181	0.275
	等壁厚型	0.170	0.104	0.089	0.086	0.131
最大 Mises 应力/MPa	常规型	0.1092	0.1092	0.1091	0.1092	0.1095
	等壁厚型	0.0868	0.0867	0.0866	0.0867	0.0870

不同温度环境中衬套内腔室位移曲线如图 7-9 所示。结合表 7-1 中的数据可知，衬套的位移量受温度影响较大，随着温度的升高，衬套的最大位移量先减小后增大，在常温时取得最大值，在 120℃时取得最小值，等壁厚衬套最大位移量的变化范围为 0.084mm，近似等于常规衬套最大位移量变化范围 0.177mm 的一半。定子衬套在工作中的位移量变化对螺杆泵的采油效率有较大影响，位移量过大会降低泵的密封性能，发生漏失现象，降低泵的容积效率；位移量过小会使得定转子间的接触力过大，容易发生卡泵和烧泵，同时会加快衬套磨损，降低泵的机械效率。等壁厚衬套的性能受温度影响较小，适合在复杂的地层中作业。

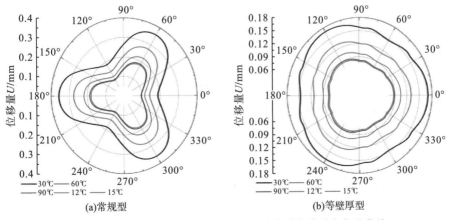

图 7-9 10MPa 均匀内压下不同温度环境中衬套内腔室位移曲线

7.2　非均匀内压作用下的接触分析

7.2.1　衬套接触情况分析

螺杆泵由于定转子之间采用过盈装配，工作中的各个密封腔室通常互不连通，导致每个腔室的工作压力不相等，即存在工作压差。为模拟实际工况下定子衬套内腔室中存在压差的情况，假设衬套上部排除腔室工作压力为 10MPa，下部吸入腔室工作压力为 9.1MPa，右边中间腔室工作压力为 9.6MPa，保持吸入腔和排除腔室之间的工作压差为 0.9MPa。环境温度为 90℃、摩擦因数为 0.3、过盈量为 0.4mm 的工况下，常规衬套和等壁厚衬套的接触性能对比如下。

1. 位移

从图 7-10 的位移云图可知，在非均匀压力作用下，两种衬套的位移量分布较均匀内压作用时有了较大的变化。常规衬套的最大位移量由 0.187mm 增大至 0.890mm，增幅为 0.703mm；等壁厚衬套的最大位移量由 0.089mm 增大至 0.522mm，增幅为 0.433mm。两种衬套的最大位移量均出现在圆弧凸起处的接触部位，沿衬套外侧依次递减，等壁厚衬套的位移量仍旧小于常规衬套的位移量。

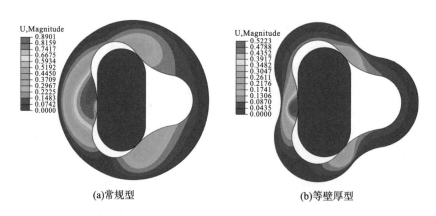

(a)常规型　　　　　　　　　　(b)等壁厚型

图 7-10　两种衬套在 0.9MPa 压差下的位移云图

图 7-11 为两种衬套的内腔室位移曲线。由于过盈量的存在，即转子的最大外径大于衬套的最小内径，并且转子的弹性模量远远大于橡胶的弹性模量，使得接触部位附近的橡胶受到严重挤压，定转子间的接触方式由啮合理论中的点-点接触变为了面-面接触，所以在接触部位出现了位移量陡增现象。在和转子相接触的 3 个部位中，衬套圆弧凸起处位移量明显高于另外两处。这是因为衬套右边腔室的面积大于左边两腔室，在单位面积压力相差不大的情况下，右边腔室的总压力大于左边两腔室，衬套整体有向右拉扯的趋势，因此在左边的接触部位出现了较大的变形。衬套圆弧凸起部位通常就是由于受到这样的反复挤压而发生疲劳破坏。

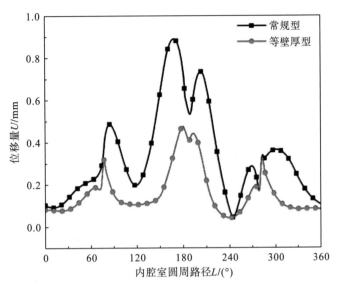

图 7-11　衬套在 0.9MPa 的压差作用下内腔室位移曲线

2. 剪切应力

图 7-12 为两种衬套在 0.9MPa 的压差作用下的剪切应力云图。两种衬套的剪切应力分布几乎相同,在吸入腔室和排除腔室的圆弧凹陷处以及 3 个接触部位均出现了较大的剪切应力。圆弧凹陷处的剪切应力主要是由内压作用产生的,这与均匀内压作用时的规律相符合。接触部位的剪切应力则是由压差作用引起的衬套切向滑移而产生的。工作中的螺杆泵,定子衬套同时受到这两种因素产生的剪切应力作用而发生磨损失效。通过比较图 7-13 所示的衬套内腔室剪切应力变化曲线可以发现,等壁厚衬套内腔室的剪切应力总体上小于常规衬套。在相同的工况下,等壁厚衬套具有更好的耐磨损性能。

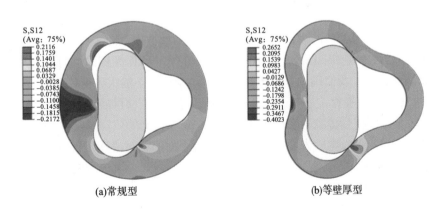

(a)常规型　　　　　　　　　　　　　　(b)等壁厚型

图 7-12　两种衬套在 0.9MPa 压差下的剪切应力云图

观察云图还可以发现,在压差作用下,衬套受剪切区域由接触位置附近沿径向扩散至衬套外侧,衬套除内腔产生了较大的剪切应力外,在与钢套相连的外壁面也同时产生了较大的剪切应力，这与均匀内压作用时的剪切应力分布有较大差异。为了进一步研究，绘制了如图 7-14 所示的衬套外壁面的剪切应力变化曲线。两种衬套的外壁面剪切应力变化规律相似，均是在与转子相接触的部位对应的外壁面处有较大的剪切应力，最大剪切应力均出现在圆弧凸起处的外壁面。衬套与钢套的黏结部位如果受到过大的剪切应力将会引起衬套脱胶以及外壁面的黏着磨损[103, 104]。由于等壁厚衬套外壁面的最大剪切应力约为常规型衬套的两倍，因此在使用等壁厚衬套时，必须保证衬套与钢套间有更高的黏结强度。

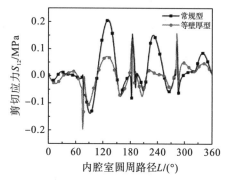

图 7-13　衬套内腔室剪切应力变化曲线　　图 7-14　衬套外壁面剪切应力变化曲线

综上，定子衬套在周期性载荷的作用下，除内部腔室会受到磨损外，与钢套黏结的衬套外壁面还会因为存在剪切应力而发生脱胶和黏着磨损，并且内外壁面发生磨损的位置存在对应关系。该结论对分析文献中所研究的螺杆泵定子衬套的黏着磨损失效具有一定的参考价值[101]。

7.2.2　摩擦因数和过盈量对接触的影响

由第 4 章的试验可知，在高温含砂稠油中，橡胶的摩擦因数随工作环境的改变而变化，含砂量、接触压力、转速等因素均会影响摩擦因数的大小。但摩擦因数的取值并非无章可循，通过摩擦学试验，我们确定了摩擦因数在多因素作用下的大致变化范围。

图 7-15 给出了等壁厚定子衬套在压差作用下的最大位移量随摩擦因数和过盈量的变化曲线。位移量可以衡量橡胶衬套受挤压的程度。定子衬套的位移量随着摩擦因数的增大而减小，减幅近似相等。橡胶表面越粗糙，对接触表面的相对滑移阻碍越明显，从而减小了橡胶衬套的位移量。当过盈量小于 0.4mm 时，位移量随过盈量的增大变化不明显，仅有小幅度的减小；当过盈量大于 0.4mm 后，位移量显著增大，特别是过盈量大于 0.5mm 以后，位移量增幅最大。当过盈量较小时，转子对衬套的挤压方式以切向增大接触面积为主，所以最大位移量几乎不变甚至略有减小；当过盈量较大时，转子对衬套的挤压方式以径向挤压为主，所以位移量有了较大的增长。

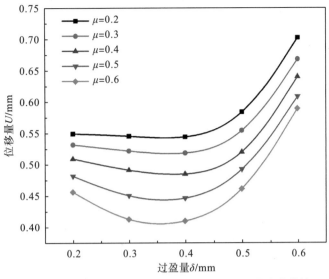

图 7-15　衬套最大位移量随摩擦因数和过盈量的变化曲线

图 7-16 为衬套的最大剪切应力随摩擦因数和过盈量的变化曲线。摩擦因数由 0.2 增大到 0.5 时，定子衬套的剪切应力变化较小，最大剪切应力仅仅增大了 0.03MPa；当摩擦因数由 0.5 增大到 0.6 时，定子衬套的剪切应力增幅较大，约增大了 0.07MPa。过盈量对衬套剪切应力的影响也有较大影响。当过盈量小于 0.5mm 时，剪切应力随过盈量的增大缓慢增大。当过盈量超过 0.5mm 后，剪切应力迅速增大，在增加 0.1mm 过盈量的情况下，最大剪切应力增大了 0.14MPa 左右。

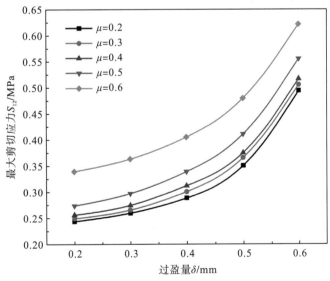

图 7-16　衬套最大剪切应力随摩擦因数和过盈量的变化曲线

由以上的分析可知，定转子间摩擦因数以及过盈量对衬套位移量和剪切应力均有较大影响。等壁厚衬套的过盈量以 0.4mm 较为合理，工作环境的摩擦因数不宜超过 0.5。改变螺杆泵的工况，合理地设计螺杆泵的初始过盈量均能改善衬套的接触情况。

7.2.3　工作压力对接触的影响

螺杆泵工作时，泵内压力由吸入口向排出口逐渐增大。为了分析工作压力对衬套磨损状况的影响，改变各腔室内的压力但保持各腔室间压差不变。等壁厚衬套在压差同为0.9MPa、排出腔室压力分别为 10～20MPa 的工作环境中的接触情况分析如下。

衬套内腔室圆周方向的剪切应力曲线如图 7-17 所示。由图可知，虽然内腔室中的剪切应力总体上随工作压力的增大而增大，但在与转子相接触的部位中，除衬套圆弧凸起处有明显的增大外，其余两个接触位置并无太大变化。当工作压力增大 10MPa 后，圆弧凸起处的最大剪切应力增大了约 0.25MPa，工作压力对衬套内壁面的磨损影响相对较小。

图 7-18 为衬套外壁面的剪切应力随工作压力的变化曲线。随着工作压力的增大，衬套外壁面的剪切应力逐渐增大，在定转子接触位置对应的外壁面增幅尤为明显。衬套凸起部位对应的外壁面仍是受影响最为严重的位置，如果工作压力增大 10MPa，此处的剪切应力将增加 0.35MPa 左右，远大于其余位置的变化。由于衬套外壁面与钢套紧密贴合，整个外壁面都是接触面，若其中某一位置的接触发生破坏，必然形成连续效应影响附近的接触状况，这样整个衬套的黏结强度都将大幅度下降。

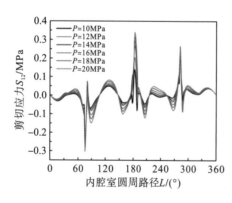　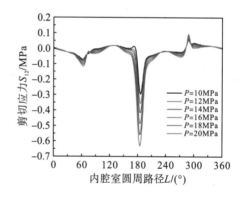

图 7-17　衬套内腔室的剪应力变化曲线　　　图 7-18　衬套外壁面的剪切应力变化曲线

由以上的接触分析可以得出衬套的脱胶和磨损机理：沿着油液运动的方向，螺杆泵中的工作压力逐渐增大，衬套内外壁面的剪切应力也随之增大。所以靠近油液排出端的黏结面最容易被破坏，定子衬套的脱胶和磨损总是从此处开始发生。又因为转子做行星运动以及油液螺旋运动所带来的挤压和冲击，引起衬套整体的颤动和偏磨，最后导致衬套整体脱胶和磨损失效。

7.3　热源作用下的热膨胀分析

螺杆泵在稠油热采时，橡胶衬套在地层高温和稠油高温的联合热源作用下，容易积聚热量，产生热膨胀。衬套过大的热膨胀将会降低线型的准确性，破坏与转子的啮合规律，增大滑移和磨损，严重影响螺杆泵的效率和使用寿命。

　　为了深入研究衬套的热膨胀特性，探究衬套的热膨胀机理，本书首先将实际工况简化为单一热源，在此基础上再进一步对实际工况中的双热源作用进行分析。本书所用的橡胶材料的热力学参数如下：泊松比 λ = 0.499，密度 ρ =1200kg/m^3，热膨胀系数 α=1×10^{-5}，热传导系数 κ=0.25W/(m·℃)，比热容 c=840J/(kg·℃)。

7.3.1　单一热源作用

　　仅对衬套外壁或内腔施加温度，模拟只有地层或稠油作为热源的情况。假设热源温度为 100℃，两种衬套的热膨胀计算结果如图 7-19 所示。当热源只有地层温度时，即热量由衬套外壁向内腔室传递，此时常规衬套的热膨胀主要集中在衬套圆弧凸起处，而等壁厚衬套的热膨胀规律则刚好相反，主要集中在圆弧凹陷处。造成这种差异的原因是橡胶作为热的不良导体，衬套越厚的部位，其散热性能越差，热积聚能力越强，因此常规衬套最厚部位较其他部位热膨胀严重；在等壁厚衬套的圆弧凹陷部位，内凹的圆弧会影响热量的散发，传递到此处的热量较凸起部位更容易积累和聚集，因此等壁厚衬套的圆弧凹陷处较其他部位热膨胀严重。当热源只有稠油温度时，即热量主要由衬套内壁面向外壁面传递，此时两

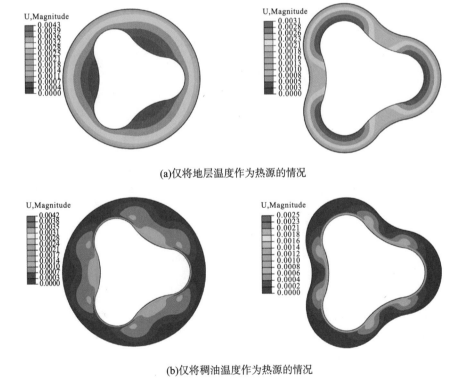

(a)仅将地层温度作为热源的情况

(b)仅将稠油温度作为热源的情况

图 7-19　单一热源作用下的两种衬套热膨胀位移云图

种衬套的热膨胀规律基本相同。常规衬套厚薄不等，而等壁厚衬套的圆弧凸起部位向外散热困难，因此向外散发的热量均在衬套内壁的圆弧凸起部位积聚，引起较大的热膨胀。等壁厚衬套因为平均厚度较小，且处处相等，温度在短距离内迅速降低，所以等壁厚衬套的热变形小于常规衬套。

7.3.2 联合热源作用

在实际工况中，潜油螺杆泵所处地层温度与泵内稠油温度相差不大，必须同时考虑地层和稠油的双热源联合作用。对衬套内外壁分别施加温度，研究地层温度比稠油温度高25℃、地层温度与稠油温度均为100℃、地层温度比稠油温度低25℃三种情况下衬套的热膨胀行为，计算结果如下。

从图 7-20 可以看出，常规衬套在 3 种情况下的热膨胀规律基本相同，最大位移量均出现在衬套内腔室圆弧凸起处，最大位移量分别为 8.43μm、8.49μm、8.48μm，数值相差很小。最小位移量则出现在圆弧凹凸交界处，最小位移量分别为 6.10μm、5.56μm、5.05μm。当地层温度低于稠油温度时，常规衬套的热膨胀不均匀性增强将导致衬套线型变形严重，定转子间无法正确啮合，衬套磨损加快，此时井下可能伴随剧烈震动现象，需要特别注意安全问题。

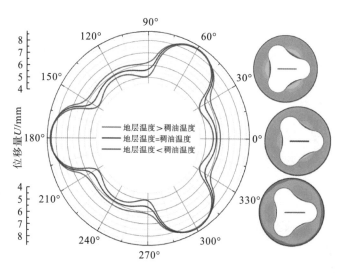

图 7-20　常规型衬套在联合热源作用下的热膨胀计算结果

图 7-21 为等壁厚衬套在联合热源作用下的热膨胀计算结果。对比常规衬套，等壁厚衬套的热膨胀位移曲线更为平滑，位移量更小。在 3 种情况下，等壁厚衬套的最大位移量均出现在圆弧凹陷处，最小位移则出现在圆弧凸起部位，每种情况下的最大位移和最小位移仅相差 1μm 左右。因为等壁厚衬套各处保持一致，所以即使同样有热膨胀现象发生，但这种变形较为均匀且变形量极小，这样可以很好地保持内壁线型的一致性。又因为衬套壁较薄，低温一侧的热源总能更好地起到冷却作用，进一步降低了由温差引起的变形。

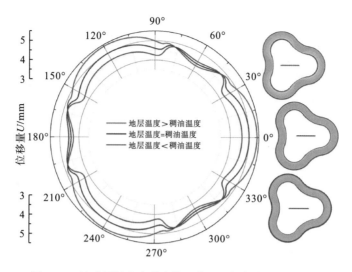

图 7-21　等壁厚衬套在联合热源作用下的热膨胀计算结果

第8章 定子衬套生热过程及热积聚效应试验

在真实工况环境中，很难观测和测量螺杆泵定子衬套的生热过程和温升，因此，本章对螺杆泵的工况进行简化，并对简化工况下螺杆泵定子橡胶衬套的生热过程及热积聚效应进行观测，并分析转子转速对定子橡胶衬套温升的影响规律。对生热试验结果进行处理和分析，进一步完善螺杆泵定子橡胶衬套的热失效机理。

8.1 试验内容及目的

8.1.1 试验内容

(1)观察采油螺杆泵工作过程中定子橡胶衬套端面的生热过程；
(2)观测采油螺杆泵工作过程中定子橡胶衬套内部的热积聚效应；
(3)调整电机转速，分析不同转速下螺杆泵定子衬套的温升随转速的变化规律。

8.1.2 试验目的

螺杆泵在海洋井下环境中工作时，由于井下高温环境以及橡胶热滞后影响，导致定子衬套发生过热失效。本试验通过模拟井下高温环境，观测螺杆泵工作时其定子衬套的生热过程以及由于热滞后造成的热积聚效应现象；分析螺杆泵工作过程中定子衬套的生热过程以及由于热滞后所造成的热集聚效应；分析转子转速对螺杆泵定子橡胶衬套温升的影响规律。

8.2 试验设备及材料

要观测螺杆泵定子衬套的生热过程以及热积聚效应，需要如下器材和设备：螺杆泵装置一套(配可调频电机)、红外热成像仪一套、调频器一部、加温及测温装置以及润滑油材料。

1. 螺杆泵装置

因双头单螺杆泵属于非常规螺杆泵，需要定制，成本较高，故本实验采用常规螺杆泵来观测定子衬套的生热过程以及热积聚效应。试验中所采用的螺杆泵为上海阳光泵业生产的 G25-1 型螺杆泵，结构如图 8-1 所示。其中，G25-1 型螺杆泵的主要参数见表 8-1。

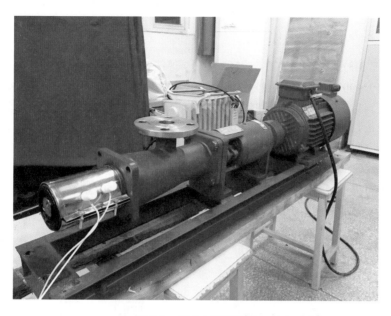

图 8-1　G25-1 型螺杆泵

表 8-1　G25-1 型螺杆泵主要参数

转速/(rad/min)	流量/(m³/min)	压力/MPa	电机/kW	扬程/m
960	0.2m³/min	0.6	1.5	60

2. 红外热像仪

红外热成像仪(图 8-2)的工作原理概括如下：利用红外探测器、光学成像物镜接收被探测目标的红外辐射信号，信号被红外探测器组件处理，将热辐射信号转化为电信号，并对电信号进行处理，将其转变成可见光信号，通过检测器或屏幕呈现出红外热成像图，这种图像与被测物表面的热分布相对应。红外热成像仪具有较高的灵敏度，能够探测微小的温度差别。

图 8-2　红外热成像仪

3. 温控器及红外温度计

温控器(图 8-3)采用的是 XH-W2102 电子式温控器,其测量温度范围为-55～120℃,控温范围为-19～99℃,测温精度为±0.3℃,控制精度为 1℃,采用 NTC10K 热敏电阻。在操作界面上可以设定启动温度和停止温度,依据试验要求,可以设定测量范围内的任意温度。红外温度计(图 8-4)用来检测空气温度,以及在试验过程中定子衬套某一点位在某一时刻的温度。

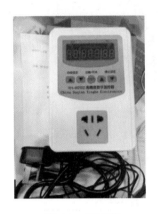   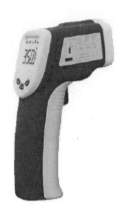

图 8-3 温控器   图 8-4 红外温度计

4. 润滑脂

将润滑脂均匀涂抹在定子橡胶衬套的内表面,以便在螺杆泵工作过程中达到润滑和散热的效果。

8.3 试 验 过 程

对试验用 G25-1 型螺杆泵进行组装,将变频器(图 8-5)接在电源端和螺杆泵电机之间,以便调节电机转速;将加热装置安装在定子衬套外部,并连接温控装置,确保试验

图 8-5 变频器

过程中定子衬套的温度能够保持一致；对螺杆泵出口位置进行改造，将螺杆泵定子端面裸露以便检测端面定子橡胶衬套温度，如图 8-6 所示。架设并调整红外热成像仪，使定子橡胶端面完整地出现在热成像仪显示界面上，并将红外热成像仪设备与计算机端连接，方便操作和检测，如图 8-6 所示。

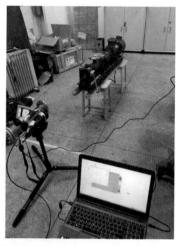

定子橡胶检测端面

图 8-6　定子橡胶衬套生热试验图

为了保证试验中能够更好地观测到定子橡胶衬套的生热过程及热积聚效应，用润滑脂代替原油，由于定转子之间的过盈配合，避免二者之间的摩擦力过大，需要定时加入润滑脂。准备工作完成后，试验开始，通过调整变频器来调整电机转速，试验过程中，电机转速由低到高。在每一次试验后对螺杆泵进行降温处理，以确保下次试验温度的准确性，生热过程试验流程如图 8-7 所示。

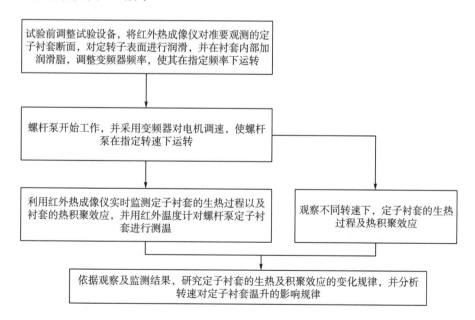

图 8-7　生热过程试验流程图

8.4 试 验 结 果

试验完成后，利用与红外热成像仪相对应的软件进行数据处理，并观测定子橡胶衬套的端面成像图，分析螺杆泵定子衬套生热过程及热积聚效应。

8.4.1 生热过程及热积聚效应

转子转速为180rad/min，定子橡胶衬套在不同时刻的热成像图如图8-8所示。橡胶衬套在 t=10s、t=60s 和 t=120s 时的热成像图分别如图8-8(a)、图8-8(b)和图8-8(c)所示。

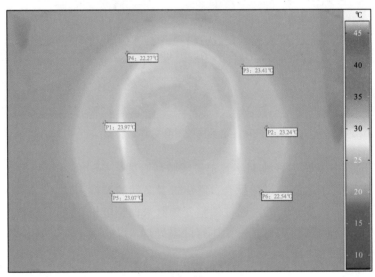

(a)t=10s

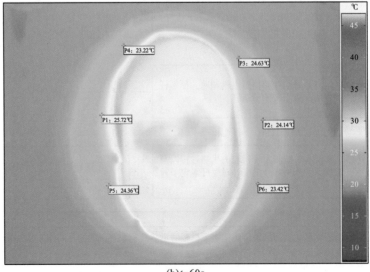

(b)t=60s

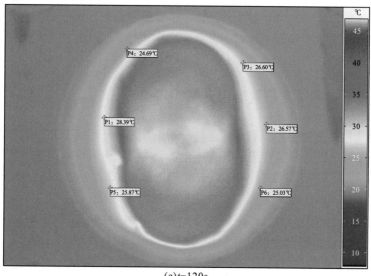

(c)*t*=120s

图 8-8　定子橡胶端面温度分布图

　　为了能够更好地观测到定子橡胶的生热和热积聚效应现象，在螺杆泵定子橡胶端面设立了 6 个监控点，这 6 个监控点沿定子橡胶圆周均匀地分布。通过监控点的温度变化来观测橡胶的生热和热积聚现象，其中 6 个监控点分别为 P1、P2、P3、P4、P5 和 P6，如图 8-8 所示。橡胶衬套端面的温度随着时间的推移逐渐升高，当时间达到 120s 时，P1 和 P2 温度已经分别升高至 28.39℃和 26.57℃，这两点的温升值高于其他监控点的温升值。

　　随着时间推移，各个监控点的温度均升高，P1 的温度高于其他点位，并且其增大速率高于其他监控点，如图 8-9 所示。说明橡胶在定子衬套短轴最厚部位附近吸收的热量多于其他部位，热量在此部位累积和聚集，导致温度升高，造成热积聚效应。此现象就是橡胶的滞后生热现象，是导致定子橡胶衬套温升的主要原因。

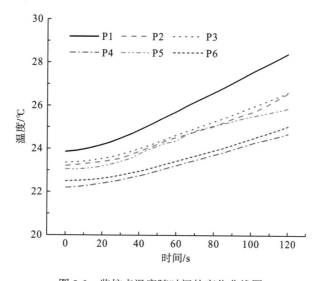

图 8-9　监控点温度随时间的变化曲线图

在螺杆泵工作过程中，润滑脂不足会使定子橡胶和转子之间的摩擦力增大。当摩擦力增大到电机扭矩不足以带动转子旋转时，会造成电机电流过大，发生"烧泵"现象。螺杆泵在实际工作过程中，会因为油液不足而发生"烧泵"现象[91]。

8.4.2 转子转速对定子衬套温升影响规律

通过调整变频器来调整电机转速，进而控制螺杆泵转子转速，利用频率和速度转化公式，得出螺杆泵工作时的真实转速。本试验选取了4组转速来观测定子橡胶端面的生热现象，其中这4组试验转速分别为90rad/min、180rad/min、270rad/min、360rad/min。由上节可知，在定子橡胶端面有6个监控点，并且分布均匀，因此，选用3个监控点来分析不同转速下橡胶衬套的温升规律，选取的3个监控点分别为P1、P3和P4，这3个点分别分布在定子衬套短轴最厚部位、长轴靠近最薄部位及最厚和最薄部位之间。

图8-10给出了在相同时间内，不同转速下，橡胶衬套端面上3个监控点的温升变化曲线。其中，监控点P1、P3和P4的温升随转速变化的变化曲线分别如图8-10(a)、图8-10(b)和图8-10(c)所示。从图8-10可知，定子橡胶衬套的温升随着转速的增大而增大。从P1、P3和P4的温升曲线变化规律可以看出，360rad/min的温升斜率是最大的，90rad/min的温升斜率是最小的。

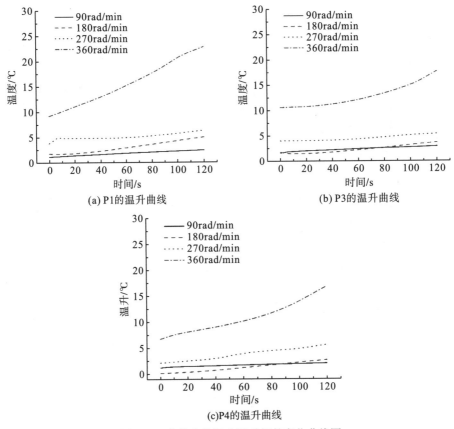

(a) P1的温升曲线

(b) P3的温升曲线

(c)P4的温升曲线

图8-10　监控点的温升随时间的变化曲线图

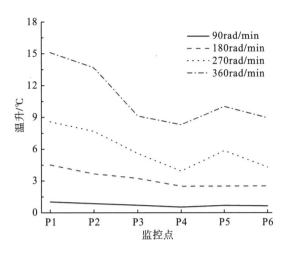

图 8-11　不同转速下监控点的温升曲线

　　图 8-11 给出了在相同试验时间内，6 个监控点的温升随转子转速的变化规律曲线。6 个监控点的温升值均随着转子转速的增大而逐渐增大；相同转速下，P1 点的温升值最高，其次为 P2、P5、P3、P6、P4。这与之前的分析结果相吻合，进一步验证了由于橡胶的滞后生热所造成的热积聚效应。长期在高出橡胶临界温度的环境中工作，橡胶会因过热而失效，导致螺杆泵定子衬套失效，进而造成螺杆泵失效。

第9章　螺杆泵热力耦合场分析

螺杆泵在采油工作过程中，在橡胶衬套内部连续旋转的转子会受到橡胶的阻力，在这个过程中，由于橡胶材料的黏弹性会导致能量损失，损失的能量转化为热量，进而导致橡胶衬套的温度升高。当温升超过橡胶材料的临界工作温度时，会破坏橡胶衬套的工作性能，长期工作在超过临界工作温度的高温环境中会使橡胶衬套发生过早失效，进而导致螺杆泵过早失效，缩短其使用寿命。由于螺杆泵工作环境的复杂性，目前还没有有效的方法对橡胶衬套的生热过程和温升进行观测和测量。因此，本章采用有限元法，对在稠油热采工况下的螺杆泵进行热力耦合分析，研究了环境温度、转子转速、过盈量、摩擦因数、衬套类型、橡胶硬度、泊松比以及工作压差等因素对橡胶衬套温升、热应力和位移的影响规律，总结出橡胶衬套的热失效机理，并与第8章中的试验结果进行对比分析，进一步完善螺杆泵定子橡胶衬套的热失效机理。试验结果和仿真分析结果可为螺杆泵的研制及工作参数的选择提供准确的生热方面的依据。

9.1　热力耦合场分析的数学模型

9.1.1　热源分析

海洋油气藏环境复杂，井底环境温度高，工作压力大，同时在开采过程中，稠油介质中还有可能含有砂粒以及其他杂质气体，这种复杂的环境因素不但影响定子衬套的内部线型变化，还会导致定子衬套内部热量积聚无法及时排除而造成定子衬套烧坏，因此研究定子衬套生热机理以及内部热量的变化过程相当重要。

在实际工作过程中，螺杆泵定子衬套温升的主要来源有3种[105, 106]：第一是井下油层温度。不同地层稠油气藏的环境温度是稳定的，在这种稳定热源的影响下，定子衬套的温升是均匀的。第二是螺杆转子与定子衬套以及输送液体与定子衬套之间的摩擦生热。螺杆泵在实际工作过程中，为了保证螺杆泵的机械效率和容积效率，螺杆转子和定子衬套之间采用过盈配合，在其运转过程中二者之间存在摩擦，同时输送的稠油介质以及介质中的砂粒与定子衬套也存在一定摩擦，但由于输送介质为高温环境下的稠油介质，其黏度较低，有润滑作用，大大降低了摩擦因数，摩擦生热源对定子衬套的温升影响相对较小，在分析过程中不考虑固定的摩擦生热源。第三是橡胶材料的黏弹性属性引起滞后损失产生的热量。螺杆泵在工作过程中，定子橡胶衬套受到周期性载荷挤压，由于橡胶材料为黏弹性材料，在周期载荷作用下，会表现出明显的非线性黏弹性，导致橡胶的应力应变产生不同步热[107, 108]。橡胶材料出现交变变形导致能量损失，损失的能量转化为热量，在定子衬套内部产生不均匀的温升，这一现象被称为橡胶的滞后生热[109, 110]。此外，工作参数(工作压力、转子转速)、橡胶材料参数(硬度、泊松比)以及井下环境温度等因素对螺杆泵定子衬套的温度场也有一定的影响[110]。

9.1.2　滞后生热有限元分析法

国内外众多学者对橡胶材料进行了深入研究，分析了由橡胶材料黏弹性引起的温升现象，研究成果主要应用在工业轮胎分析中[112,113]。目前最常用的方法为单向解耦法，其原理为将复杂的热力耦合问题转化为力学和传热学问题，方便求解问题[114,115]。本书采用工业轮胎分析中最常用的单向解耦法来求解螺杆泵定子衬套的热力耦合问题，此分析方法最早应用在轮胎温度场的求解分析中。橡胶热力耦合单向解耦方法是把橡胶的热力耦合分析分成了 3 步：第一步是变形分析，第二步是损耗分析，第三步是热传导分析。其中，在变形分析和损耗分析中进行了简化处理。在变形分析中，采用与温度和黏弹性无关的超弹性材料代替黏弹性本构关系，即不考虑材料参数中的温度相关性和时间相关性[50]。在损耗分析中，基于超弹性本构方程得到的应力应变结果，将其应力应变转化为工程应力和应变，依据材料的黏弹性计算出能量损耗，在此计算过程中采用了较为简便的损耗角概念。第三步的热传导分析则是把损耗能转化为热量并计算出热生成率，将其作为热源代入热传导方程中，进行温度场的求解。在双头单螺杆泵定子衬套温度场分析中采用这种方法来分析定子衬套内部温度场的分布，同时经过耦合分析，来分析出定子衬套热应力和位移的变化情况。

9.1.3　衬套生热数学模型

在螺杆泵工作过程中，定子橡胶衬套受螺杆转子的周期性挤压，导致衬套发生挠曲变形，产生黏性阻力，并且呈现出明显的非线性黏弹性。橡胶在周期载荷作用下，其应力和应变均随时间做周期性波动，且相互之间存在一个相位角，造成应力与应变曲线路径不重合。应力和应变的不同步变化导致内部产生黏滞损耗，并最终转化为热能，导致定子衬套产生不均匀温升，定子橡胶上节点应力随时间的变化曲线如图 9-1 所示。

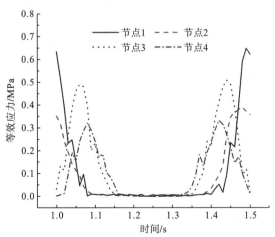

图9-1　定子橡胶上节点应力随时间的变化曲线

由橡胶滞后生热机理可知，在工作过程中，橡胶衬套的应力和应变之间存在一个相位角，因此橡胶衬套的应力和应变分别为[105,116]

$$\sigma(t) = \sigma_0 \cos(\omega t + \varphi) \tag{9-1}$$

$$\varepsilon(t) = \varepsilon_0 \sin(\omega t) \tag{9-2}$$

式中，σ_0 为节点的最大应力；ε_0 为节点的最大应变；φ 为应力和应变之间的相位角；ω 为变形频率，s^{-1}。橡胶定子衬套的应力应变关系如图 9-2 所示；滞后生热损耗如图 9-3 所示。

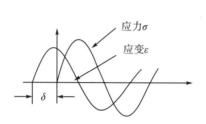

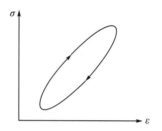

图 9-2 橡胶定子衬套的应力应变关系   图 9-3 滞后生热损耗图

依据橡胶衬套的滞后生热机理，转子在定子衬套内转动一周，即完成一个周期的运转，定子衬套上每个单元产生的能量损失为

$$Q = 2\int_0^{\pi/w} \sigma \frac{\mathrm{d}\varepsilon}{\mathrm{d}t} \mathrm{d}t \tag{9-3}$$

$$Q = \pi E' \varepsilon_{\max}^2 \tan\delta \tag{9-4}$$

式中，E' 为损耗模量，MPa；$\tan\delta$ 为损耗因子，无量纲；$\varepsilon_{\max}$ 为最大应变。

假设 T 为螺杆泵转子的转动周期，s、n 为转子的转速(rad/s)，那么螺杆转子在定子衬套内转动一周，单位时间内产生的热量(即节点的生热率)为

$$q = \frac{Q}{T} = \pi n E' \varepsilon_{\max}^2 \tan\delta \tag{9-5}$$

9.1.4 温度场有限元分析

在工作过程中，螺杆泵转子在定子衬套内部周期性运转，在周期性的挤压过程中，橡胶衬套不断地产生应力和应变，即橡胶的热滞后现象。因此，定子衬套的温度场问题可视为有内热源的热传导问题，其热传导方程如下[102]：

$$\frac{\partial}{\partial X_i}\left(\lambda_{ij} \frac{\partial T}{\partial X_i}\right) + Q - \rho c \frac{\partial T}{\partial t} = 0 \tag{9-6}$$

式中，T 为温度，℃；Q 为单位时间内的热生成率，J/(kg·m³)；ρ 为密度，kg/m³；c 为比热容，J/(kg·℃)；t 为时间，s。

在定子衬套内部表面与举升热液体之间的热流换热满足牛顿冷却公式(Newton's law of cooling)[91]：

$$\Phi = h(T_{\mathrm{w}} - T_{\mathrm{f}}) \tag{9-7}$$

式中，h 为表面传热系数 (对流换热系数)，$W/(m^2 \cdot K)$；T_w 和 T_f 为分别表示壁面温度和流体温度，℃。

9.2　均匀温度场下衬套温度应力应变分析

9.2.1　常规定子衬套二维和三维求解结果对比分析

均匀温升下，初始温度为 20℃，温升为 35℃时，常规定子衬套二维模型和三维模型的热应力和位移云图分别如图 9-4 和图 9-5 所示。在相同的温升情况下，二维和三维常规定子衬套的位移分布规律相同，二维和三维常规定子衬套的热应力分布规律也是相同的。其中，二维常规定子衬套的最大位移为 0.0151mm，三维常规定子衬套的最大位移为 0.0152mm，位移误差率为 0.66%；二维常规定子衬套的最大热应力为 0.0117MPa，三维常规定子衬套的最大热应力为 0.0118MPa，热应力误差率为 0.76%。

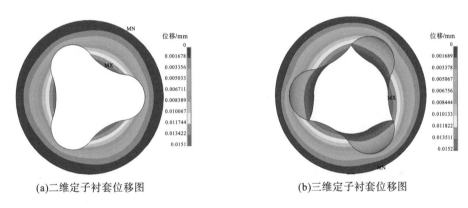

(a)二维定子衬套位移图　　　　　　　　(b)三维定子衬套位移图

图 9-4　二维和三维定子衬套的位移云图

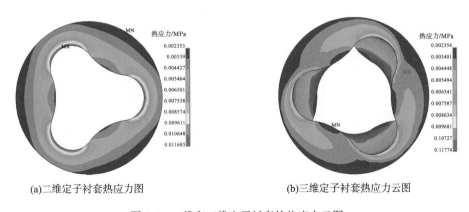

(a)二维定子衬套热应力图　　　　　　　(b)三维定子衬套热应力云图

图 9-5　二维和三维定子衬套的热应力云图

表 9-1 给出了 3 种温升情况下，二维和三维定子衬套的最大热应力和最大位移的值，由表可知，3 种温升环境下，二维和三维定子衬套的最大热应力和最大位移相差较小，热

应力和位移的最大误差率分别为 0.88% 和 0.99%，误差率小于 1%，因此，误差率可忽略不计。张劲和张士诚在常规螺杆泵定子有限元求解策略中研究得出在内压作用下，平面模型可以用来替代三维模型，以减少计算求解时间、提高求解效率[117]。结合图 9-4、图 9-5 和表 9-1 的数据分析，可用平面模型来代替三维模型的热力分析求解。因此，本书采用二维平面模型代替三维模型来求解由滞后生热因素影响的定子衬套热力耦合场求解分析。

表 9-1　不同温升情况下，二维、三维定子衬套的最大热应力和最大位移参数计算结果

温升/℃	二维最大热应力/kPa	三维最大热应力/kPa	二维最大位移/mm	三维最大位移/mm
25	9.918	10.006	0.0131	0.0132
35	11.685	11.774	0.0151	0.0152
45	13.471	13.557	0.0171	0.0172

9.2.2　两种类型的定子衬套热力耦合求解结果

定子衬套的初始温度设定为 20℃，当衬套温度均匀升高至橡胶衬套工作温度 55℃ (井下环境温度)时，定子衬套内部发生变形和应力。在对定子衬套平面模型进行应力和应变分析时，定子橡胶衬套外表面采用固定约束。图 9-6 给出了常规定子衬套热力耦合场的计算结果，其中温度场、热应力场和位移场分布分别如图 9-6(a)、图 9-6(b) 和图 9-6(c)所示。

从图 9-6(a)可知，在均匀温升中，常规定子衬套的温度沿着衬套法线方向由衬套外表面向衬套内表面逐渐增大，在衬套内表面达到最大。常规定子衬套的最大热应力出现在衬套壁面最薄(弧底)处，最大热应力为 10.515kPa，如图 9-6(b)所示。最小热应力则出现在衬套外部和衬套壁面最厚(弧顶)处，最小值为 2.379kPa。而常规定子衬套的最大位移则出现在衬套内部的弧顶处，与最大热应力分布场相反，最大位移为 1.213×10^{-2}mm。由于定子衬套表面轮廓的对称性，定子衬套内表面的位移和热应力呈现周期性变化。

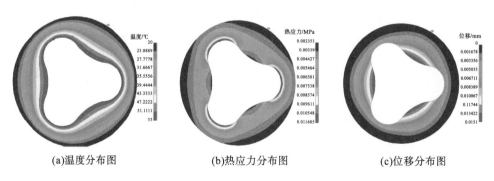

(a)温度分布图　　　　　　(b)热应力分布图　　　　　　(c)位移分布图

图 9-6　常规定子衬套热力耦合计算结果

图 9-7 给出了同等条件下等壁厚定子衬套的热力耦合场计算结果。等壁厚定子衬套的温度场、热应力场和位移场分布分别如图 9-7(a)、图 9-7(b)、图 9-7(c)所示。由图 9-7 可知，均匀温升环境中，等壁厚定子衬套的温度场分布与常规定子衬套温度分布相同，均是

沿着衬套轴线从衬套外部向衬套内部依次增大,但等壁厚衬套的温度在衬套内部分布比常规定子衬套均匀。等壁厚衬套的最大热应力和最大位移分别出现在衬套内部弧底处和弧顶处,二者的值分别为 9.293kPa 和 0.547×10^{-2}mm,最小热应力和最小位移均在衬套外部。等壁厚定子衬套的最大热应力比常规定子衬套小 1.22kPa,最大位移仅为常规定子衬套的 0.45 倍。由两种类型衬套的热力耦合场分析结果可知,在相同的温升情况下,等壁厚定子衬套的热应力和位移均小于常规定子衬套的热应力和位移。

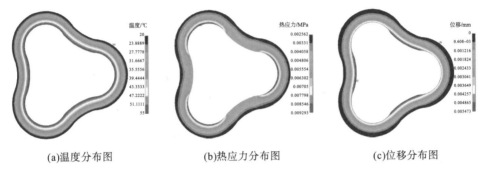

(a)温度分布图　　　　　　(b)热应力分布图　　　　　　(c)位移分布图

图 9-7　等壁厚定子衬套热力耦合计算结果

图 9-8 给出了温升为 35℃时,两种类型衬套的热应力和位移沿着衬套内表面的变化情况。可以看出,两种衬套类型的热应力和位移沿着衬套内表面均呈周期性变化,且常规定子衬套的热应力差值和位移差值远大于等壁厚定子衬套的热应力差值和位移差值。

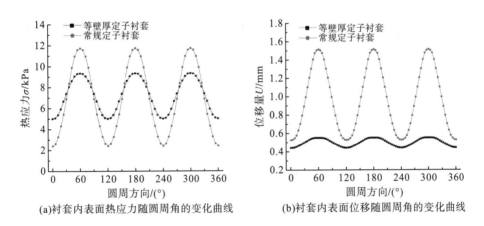

(a)衬套内表面热应力随圆周角的变化曲线　　　　(b)衬套内表面位移随圆周角的变化曲线

图 9-8　两种类型衬套内表面的热应力和位移变化

为探明两种类型衬套的最大热应力和最大位移随着温度的升高是如何变化的,针对不同温升情况下,两种类型定子衬套的热力耦合计算结果见表 9-2。由表 9-2 可知,两种类型衬套的最大热应力和最大位移均随着温升的增大而增大,且呈非线性增大。当温升达到 55℃时,常规定子衬套的最大热应力达到 15.262kPa,是温升为 25℃时的 1.54 倍,最大位移达到 1.911×10^{-2}mm,比温升为 25℃时的最大位移增大了 0.601×10^{-2}mm。等壁厚定子衬套的最大热应力和最大位移分别增加了 3.074kPa 和 0.225×10^{-2}mm。由此可以看出，均匀温升对两种类型衬套的热应力影响相对较大。

表 9-2　两种类型衬套的最大热应力和最大位移随温升变化的计算结果

参数	温升			
	25℃	35℃	45℃	55℃
常规衬套最大热应力/kPa	9.898	11.685	13.471	15.262
等壁厚衬套最大热应力/kPa	9.796	9.293	10.79	12.87
常规衬套最大位移/(10^{-2}mm)	1.310	1.510	1.711	1.911
等壁厚衬套最大位移/(10^{-2}mm)	0.472	0.547	0.622	0.697

9.3　非均匀温度场下衬套温度应力应变分析

考虑橡胶滞后生热效应，假定定转子之间过盈量为 0.5mm，转子转速为 1rad/s，螺杆泵定子衬套外表面温度与井底温度相同，为 55℃，定子衬套内表面与输送稠油介质存在对流换热。首先对定转子进行应力应变分析，然后对定子衬套进行热力耦合分析，求解出定子衬套的温度场、热应力和位移分布，两种类型定子衬套的热力耦合场求解结果如图 9-9 和图 9-10 所示。其中，常规定子衬套的温度场、热应力和位移分布如图 9-9(a)、图 9-9(b) 和图 9-9(c) 所示；等壁厚定子衬套的温度场、热应力和位移分布如图 9-10(a)、图 9-10(b) 和图 9-10(c) 所示。

(a)温度场云图　　　　　(b)热应力分布云图　　　　　(c)位移分布云图

图 9-9　常规定子衬套温度、热应力和位移分布云图

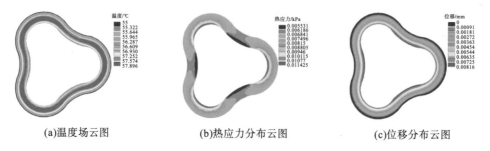

(a)温度场云图　　　　　(b)热应力分布云图　　　　　(c)位移分布云图

图 9-10　常规定子衬套的热力耦合计算结果图

从图 9-9(a)可知，常规定子衬套的温度沿定子衬套圆周方向呈椭圆形分布，最高温度出现在定子衬套弧顶部位中心处，并沿椭圆中心向沿轴线方向向外逐渐降低，温升幅度相对较大。常规定子衬套的最高温度为 61.507℃，与初始井底温度 55℃相比，升高了 6.507℃，最低温度出现在定子衬套弧底部位。图 9-9(b)显示最大热应力出现在橡胶衬套弧底部分，最大值为 13.258kPa，最小热应力出现在定子衬套弧顶部分，最小值为 2.39kPa。图 9-9(c)显示最大位移出现在与转子接触的衬套弧顶位置，增大定转子之间过盈量，加剧衬套摩擦磨损，导致衬套过早失效。

从图 9-10(a)可知，等壁厚定子衬套的温度场分布相对较均匀，其中最高温度分布在等壁厚定子衬套内部靠近衬套内表面一侧，呈条状并且均匀分布，不如常规定子衬套的温度场那么集中。其中，等壁厚定子衬套的最高温度为 57.90℃，最低温度为井底环境温度 55℃。橡胶材料导热性较差，温度过高易使橡胶衬套发生过热破坏，因此，定子衬套在此处最易发生热破坏，导致衬套失效。定子衬套长时间工作在高温环境中会导致其拉伸强度、挠曲性急剧下降，同时也降低了与刚体的黏合强度，易发生脱胶失效[52]。

9.3.1　转速对定子衬套热力耦合场的影响

环境温度为 55℃，摩擦因数为 0.4，过盈量为 0.4mm，忽略定子衬套内压的影响，两种衬套的热力耦合计算结果随转子转速的变化规律如图 9-11 所示。两种类型衬套的最高温升、最大热应力和最大位移随转子转速的变化曲线分别如图 9-11(a)、图 9-11(b)和图 9-11(c)所示。两种类型衬套的最高温升、最大热应力和最大位移均随着转子转速的增大而线性增大，并且常规定子衬套的最高温升、最大热应力和最大位移增长斜率大于等壁厚定子衬套的增长斜率。分析结果与操建平等在单头螺杆泵定子热力耦合分析中，定子衬套的最高温升随着转子转速呈线性增大相同[54]。从图 9-11 可知，在转子转速从 1rad/s 增加到 7rad/s 的过程中，常规定子衬套的最高温升由 5.54℃增大到 94.15℃，考虑环境温度，当转子转速为 7rad/s 时，定子衬套的最高温度为 149.15℃。相同的过程，等壁厚定子衬套的最高温升由 2.90℃增大到 47.52℃，当转速达到 7rad/s 时，等壁厚定子衬套的最高温度为 102.518℃。丁腈橡胶的导热性差，散热效果不好，过高的温升易使橡胶的拉伸强度、黏合强度和挠曲性能降低，进而导致橡胶发生过热失效。丁腈橡胶长期工作的环境温度为 -10~110℃，其最高使用温度为 170℃(丁腈橡胶国标提供)[118]。螺杆泵一般工作在不高于 90℃的井中，其定子衬套的临界温度为 90~100℃，其中大庆油田研究院依据自身配方生产出的丁腈橡胶的工作临界温度为 90℃。

本书假定的井下环境温度为 55℃，结合其工作环境和数据分析，常规螺杆泵和等壁厚螺杆泵的许用最大工作转速分别约为 3.15rad/s 和 6.46rad/s。当螺杆泵的工作转速超过最大许用转速时，工作温度会超出其临界温度，此时橡胶衬套工作在高温环境中，其性能会受到高温的影响，其拉伸强度会降低至室温条件的 55%左右，与定子钢套的黏合强度也降低至室温条件下的 52%左右。当螺杆泵长时间高速工作时，衬套的实际温升会比理论计算的更高，因此，衬套过热失效主要是由滞后生热引起的。螺杆泵长期工作在高温环境中，会使衬套的局部变形幅度加大，氧化效率也会逐渐增大，极易发生过热破坏，影响橡胶的硫化效果，导致橡胶发生脱胶、撕裂和掉块等现象[52]。

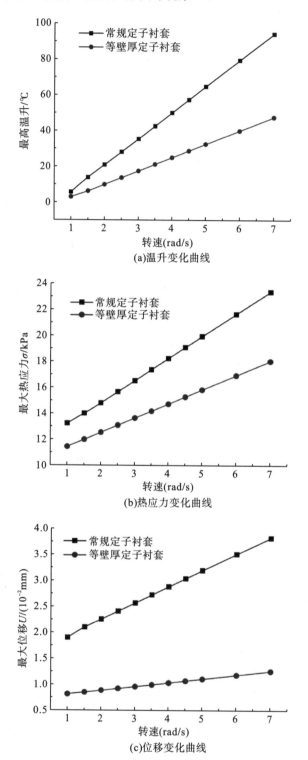

图 9-11　两种类型定子衬套的热力耦合计算结果随转速的变化曲线

由图 9-11(b)可知，两种衬套的最大热应力的变化幅度相对较大，而两种衬套的最大位移变化幅度相对较小。常规定子衬套的最大位移变化斜率为 0.32，而等壁厚定子衬套的最大位移的变化斜率更小，仅为 0.074。由此可知，选择合适的工作转速，能够降低螺杆泵定子衬套的过热失效概率，有利于延长螺杆泵的使用寿命。

9.3.2　过盈量对定子衬套热力耦合场的影响

表 9-3 和表 9-4 分别给出了转子转速为 2rad/s、橡胶摩擦因数为 0.4 时，常规定子衬套和等壁厚定子衬套的最高温升、最大热应力和最大位移量随着定转子之间过盈量的变化而变化的值。从两表中数据可知，常规定子衬套和等壁厚定子衬套的最高温升、最大热应力和最大位移均随着过盈量的增大而呈非线性增大。对于常规定子衬套，过盈量从 0.1mm增大到 0.5mm，定子衬套的最高温升增大到 32.308℃，增大了 147.88 倍，最大热应力增大了 24.97%，最大位移增大了 43.66%。对于等壁厚定子衬套，过盈量从 0.1mm 增大到 0.5mm，等壁厚定子衬套的最高温升从 0.0209℃增大到 15.322℃，增大了 732.11 倍，其最大热应力和最大位移分别增大了 28.06%和 25.9%。由表 9-3 和表 9-4 中数据可知，当过盈量为 0.5mm 时，常规定子衬套的最高温升为 32.308℃，远大于等壁厚定子衬套的 15.322℃，并且其相对应的最大热应力和位移也均比等壁厚定子衬套高。由此可知，等壁厚定子衬套的耐热效果比常规定子衬套好。

表 9-3　过盈量对常规定子衬套热力耦合的影响

过盈量/mm	最高温升 T/℃	最大热应力/kPa	最大位移 U/(10^{-2}mm)
0.1	0.217	12.940	1.641
0.2	2.161	13.039	1.732
0.3	7.600	14.302	1.959
0.4	20.760	14.797	2.255
0.5	32.308	16.171	2.507

表 9-4　过盈量对等壁厚螺杆泵定子衬套热力耦合影响

过盈量/mm	最高温升 T/℃	最大热应力/kPa	最大位移 U/(10^{-2}mm)
0.1	0.021	10.411	0.749
0.2	0.414	10.877	0.780
0.3	3.841	11.604	0.828
0.4	9.809	12.524	0.889
0.5	15.322	13.332	0.943

通过分析表 9-3 和表 9-4 中的数据，可知两种类型的衬套最大温升受过盈量影响极大，因此可知，过盈量是影响定子衬套温升的重要因素，在螺杆泵设计中，这是一个不容忽视的重要参数。在螺杆泵设计工作中，设计合理的定转子过盈量，不但能够有效降低衬套的

温升，减小滞后生热对定子衬套的影响，还能提高螺杆泵的使用寿命和工作效率，降低生产成本。

9.3.3 摩擦因数对定子衬套热力耦合场的影响

由第 4 章实验可知，在高温稠油介质中，橡胶摩擦因数随着稠油介质中含砂量的增大先增大后减小。为了分析含砂量对定子衬套热力耦合场的影响，将不同的含砂量转化为对应的摩擦因数进行求解分析，利用第 3 章所测得的摩擦因数，在其范围内取 6 组摩擦因数作为分析参数，其值分别为 0.05、0.1、0.15、0.2、0.3、0.4。环境温度为 55℃，过盈量为 0.4mm，转速为 2rad/s 时，两种类型衬套的最高温升、最大热应力和最大位移随摩擦因数的变化曲线分别如图 9-12(a)、图 9-12(b) 和图 9-12(c) 所示。

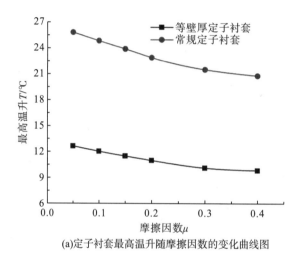

(a)定子衬套最高温升随摩擦因数的变化曲线图

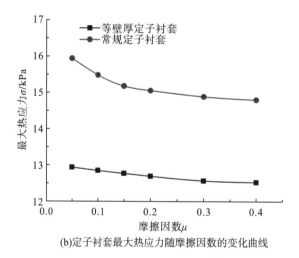

(b)定子衬套最大热应力随摩擦因数的变化曲线

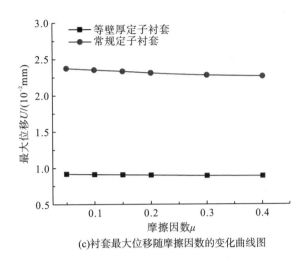

(c)衬套最大位移随摩擦因数的变化曲线图

图 9-12　摩擦因数对两种类型衬套热力耦合场的影响

从图 9-12 可知，随着橡胶摩擦因数的增大，两种类型衬套的最高温升、最大热应力和最大位移均减小，但减小幅度相对较小。当摩擦因数从 0.05 增大到 0.4 时，常规定子衬套的最高温升由 25.776℃降低到 20.761℃，仅降低了 19.46%，而其最大热应力和最大位移分别降低了 3.87%和 4.61%，降低幅度更小。等壁厚定子衬套的最高温升由 12.596℃降低到 9.809℃，仅降低了 2.787℃，等壁厚衬套的最大热应力和最大位移分别降低了 0.408kPa 和 0.027×10⁻²mm。因此，摩擦因数对定子衬套的热力耦合场影响相对较小，对定子衬套的温升影响较小。由摩擦学一般常识可知，随着摩擦因数的增大，橡胶表面产生的热量增多，此处定子衬套的温升却减小，主要原因如下：随着稠油介质中含砂量的增大，摩擦因数增大，相应的稠油介质中砂粒之间的相互作用力也增大，此时橡胶摩擦生热影响大于橡胶定子衬套滞后生热影响，而滞后生热所产生的热量部分被输送的稠油介质带走了，导致定子衬套温升随着摩擦因数的增大而减小。

在实际工况环境中，橡胶的摩擦因数越小，越有利于稠油介质的开采工作，合理地选择螺杆泵型号和转速，有利于降低橡胶的摩擦因数，提高螺杆泵的开采效率和使用寿命。

9.3.4　邵氏硬度对定子衬套热力耦合场的影响

橡胶材料的邵氏硬度是橡胶的主要物理性能之一，因此，研究其对橡胶衬套温升的影响具有重要意义。吴梵和宋世伟[119]取硬度值为 60～84(间隔硬度为 2)之间的 13 组数值研究其对 C 形密封圈的影响；刘健等[120]对橡胶硬度值分别为 70、75、80、85、90 的材料进行了研究。本书研究了橡胶材料的不同硬度对橡胶衬套温升的影响规律。图 9-13 给出了摩擦因数为 0.4、过盈量为 0.3mm、转子转速为 3rad/s 时，硬度值为 90H 的常规衬套和等壁厚衬套的温度场、热应力场和位移场的分布规律。

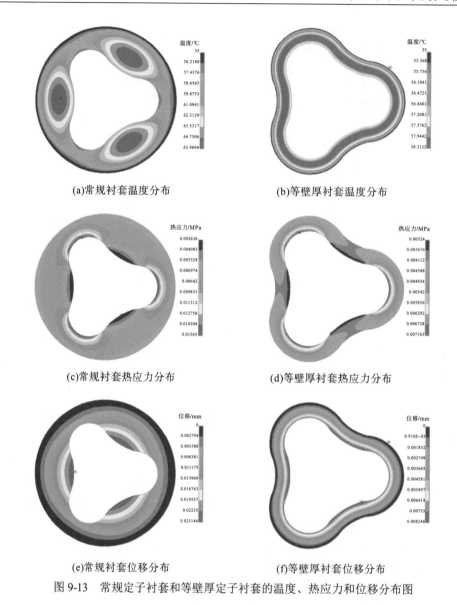

(a)常规衬套温度分布   (b)等壁厚衬套温度分布

(c)常规衬套热应力分布   (d)等壁厚衬套热应力分布

(e)常规衬套位移分布   (f)等壁厚衬套位移分布

图9-13　常规定子衬套和等壁厚定子衬套的温度、热应力和位移分布图

　　从图9-13可知，硬度值为90H的常规衬套的温度、热应力和位移分布规律与前文非均匀温升下常规衬套的温度、热应力和位移分布规律相同。常规衬套的温度呈椭圆形分布，并且在橡胶最厚位置的中心部位温度最高，且温度沿着椭圆中心向外逐渐降低，最高温升约为10.97℃；热应力的最大值为15.65kPa，出现在常规橡胶衬套的弧底位置，而最小值出现在常规定子衬套的弧顶位置，约为2.64kPa；而最大位移则出现在常规定子衬套的弧顶位置，最大值约为2.52×10^{-2}mm。等壁厚橡胶衬套的温度分布、热应力分布和位移分布与前文的分布规律相同，这里不再进行阐述。与常规衬套的最高温升、最大热应力和最大位移相比，等壁厚衬套的则要小很多。相同的工况环境及材料参数下，等壁厚衬套的温升最高为3.312℃，比常规衬套的最高温升10.79℃小了69.30%，等壁厚衬套的最大热应力相比常规衬套小了近54.23%，而最大位移量则比常规衬套的最大位移量小了67.21%。因

此可知，在相同的工况条件下，等壁厚螺杆泵的使用寿命相对持久。

表 9-5 给出了不同邵氏硬度下，常规定子衬套和等壁厚定子衬套的温升、热应力和位移值。由表可知，随着橡胶硬度的增大，常规衬套和等壁厚衬套的最大温升呈现非线性减小，相对应的热应力和位移呈非线性减小。当材料硬度从 70H 增大到 90H 时，常规橡胶衬套的最大温升从 39.63℃ 降低到 10.97℃，减小了 72.32%，热应力从 31.12kPa 减小到 15.65kPa，减小了 49.71%，最大位移从 $3.3×10^{-2}$mm 减小到 $2.52×10^{-2}$mm，仅减小了 23.6%。等壁厚橡胶衬套的最大温升从 22.80℃ 降低到 3.31℃，减小了近 85.5%，减小的幅度较大，而热应力和位移分别降低到 7.16kPa 和 $0.83×10^{-2}$mm，分别减小了 67.51% 和 17%。

表 9-5　不同硬度下常规定子衬套和等壁厚定子衬套热力耦合计算结果

参数	硬度				
	70H	75H	80H	85H	90H
常规衬套最大温升/℃	39.63	29.43	21.87	15.70	10.97
等壁厚衬套最大温升/℃	22.80	18.14	14.42	11.46	3.31
常规衬套最大热应力/kPa	31.12	22.95	17.18	16.33	15.65
等壁厚衬套最大热应力/kPa	22.04	21.01	12.82	9.92	7.16
常规衬套最大位移/(10^{-2}mm)	3.30	3.03	2.82	2.65	2.52
等壁厚衬套最大位移/(10^{-2}mm)	1.00	0.96	0.92	0.90	0.83

9.3.5　橡胶泊松比对定子衬套热力耦合场的影响

泊松比是橡胶衬套的另一个重要物理参数，因此，需要分析泊松比对橡胶衬套热力耦合的影响。表 9-6 和表 9-7 分别给出了过盈量为 0.3mm，转子转速为 2rad/s、摩擦因数为 0.2、环境温度为 55℃ 时，两种类型衬套在不同泊松比情况下热力耦合的计算结果。从表 9-6 和表 9-7 可知，随着橡胶泊松比的增大，两种衬套的最高温升、最大热应力和最大位移均减小，且呈非线性减小趋势。当泊松比增大到 0.4999 时，常规定子衬套的最大温升为 8.63℃，等壁厚定子衬套的最高温升为 1.83℃，随着泊松比的增大，橡胶逐渐接近不可压缩状态，而热滞后现象是超弹性体才有的特性，因此，当橡胶泊松比增大时，热滞后对橡胶定子衬套温升的影响逐渐减小，两种类型衬套的温升也越来越低。所以，在对橡胶衬套材料进行选型时，不但要考虑橡胶的力学性能，还应考虑泊松比对橡胶温升的影响，这样才能够延长螺杆泵的使用寿命。

表 9-6　不同泊松比下常规衬套热力耦合的计算结果

橡胶泊松比	最高温升/℃	最大热应力/kPa	最大位移/(10^{-2}mm)
0.496	16.516	17.546	2.672
0.497	12.721	16.364	2.567
0.498	11.758	16.219	2.537
0.499	11.007	16.109	2.515
0.4999	8.628	15.746	2.446

表 9-7 不同泊松比下等壁厚定子衬套热力耦合的计算结果

橡胶泊松比	最高温升/℃	最大热应力/kPa	最大位移/(10^{-2}mm)
0.496	9.738	12.637	0.880
0.497	9.444	12.596	0.877
0.498	7.506	12.323	0.859
0.499	6.683	12.207	0.851
0.4999	1.831	11.553	0.809

9.3.6 工作压差对定子衬套热力耦合场的影响

不同级数的螺杆泵，其各级之间的压差也不同，一般压差范围为 0.3～0.8MPa。压差是影响螺杆泵工作的一个重要参数，因此，本书分析不同工作压差对定子橡胶衬套热力耦合场的影响规律，所选取的工作压差分别为 0.4MPa、0.5MPa、0.6MPa、0.7MPa、0.8MPa。在环境温度为 55℃、过盈量为 0.2mm、转速为 2.5rad/s 的情况下，常规定子衬套和等壁厚定子衬套的最高温升、最大热应力和最大位移随工作压差的变化情况见表 9-8 和表 9-9。

表 9-8 不同压差下常规定子衬套热力耦合的计算结果

压差/MPa	最大温升 T/℃	最大热应力/kPa	最大位移 U/(10^{-2}mm)
0.4	13.255	16.844	2.581
0.5	22.497	18.195	2.838
0.6	32.020	19.633	3.096
0.7	38.673	20.672	3.275
0.8	46.118	21.831	3.474

表 9-9 不同压差下等壁厚定子衬套热力耦合的计算结果

工作压差/MPa	最大温升 T/℃	最大热应力/kPa	最大位移 U/(10^{-2}mm)
0.4	0.516	11.199	0.795
0.5	1.806	11.378	0.806
0.6	2.570	11.484	0.814
0.7	3.363	11.594	0.821
0.8	5.214	11.851	0.838

从表 9-8 可知，常规定子衬套的最大温升随着工作压差的增大而呈非线性增大，当工作压差为 0.8MPa 时，定子衬套的最高温升达到 46.118℃，是工作压差为 0.4MPa 时的 3.48 倍。常规定子衬套的最大热应力和最大位移均随着工作压差的增大而呈非线性增大。最大热应力为 21.831MPa，最大位移为 3.474×10^{-2}mm。从表 9-9 可知，等壁厚定子衬套的温升随着工作压差的增大呈非线性增大，到工作压差增大到 0.8MPa 时，等壁厚定子衬套的温升为 5.214℃，增大了 9.1 倍，最大热应力和最大位移也增大。工作压差越大，常规定子衬套的最高温升也就越高，因此在螺杆泵定转子设计过程中，不但要考虑定子衬套类型，还要考虑定子衬套与外部钢套的黏结作用，避免因高温而导致定子衬套脱胶失效。

同时，从表 9-8 和表 9-9 中数据还可知，同等工作条件及工作压差作用下，等壁厚衬套的最高温升远远小于常规衬套的最高温升，说明压差对常规衬套温升的影响远大于其对等壁厚衬套的影响，也说明等壁厚衬套的耐温效果好于常规衬套，在高温高压环境中的工作性能优于常规衬套。

橡胶材料导热性能极差，由于橡胶滞后作用产生的热量无法及时从橡胶内部排出，导致定子橡胶衬套温度持续升高，当温度超过临界许用最高温度时，会导致橡胶性能下降。橡胶长时间工作在超过临界许用最高温度的环境中，会因过热而发生失效，造成螺杆泵定子衬套损坏，螺杆泵失效。转子转速、橡胶材料泊松比、过盈量以及工作压差等因素对定子衬套的温升影响较大，任何一个因素都可能导致其发生过热失效。因此，在工作过程中，要结合实际工作环境，选择合理的工作转速、过盈量、合适的橡胶配比以及相对应类型的螺杆泵，这样才能减少发生因橡胶衬套过热失效而导致螺杆泵过早失效的现象。

9.4　试验仿真对比

与第 8 章试验进行对比，图 9-14 给出了试验分析结果和仿真分析结果的橡胶衬套的温升随转速的变化曲线。由试验数据可知，橡胶衬套的温升随着转速的增大呈线性增大趋势，并且仿真分析所得结论为橡胶衬套的温升随着转速的增大呈线性增大。对温升增大趋势而言，试验分析结果和仿真分析结果基本是相同的。从图中数据还可以看出，试验分析得出的定子橡胶衬套的温升值小于仿真分析的温升值，主要原因是试验过程时间较短，并且用润滑脂代替了原油，导致摩擦生热而产生的热量不能及时被带走。

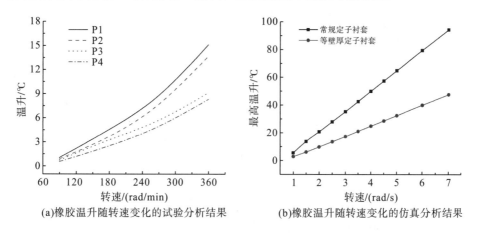

(a)橡胶温升随转速变化的试验分析结果　　　(b)橡胶温升随转速变化的仿真分析结果

图 9-14　试验和仿真分析的橡胶温升随转速的变化曲线

由于橡胶滞后生热影响，橡胶衬套短轴的最厚部位温升较其他位置快，热积聚效应明显，与仿真分析结果中橡胶衬套的最高温度在橡胶衬套较厚部位的中部相符合。综合温升随转速的变化规律和热积聚效应，试验结果验证了仿真分析是可行的，仿真结果相对正确。

第10章 结 论

螺杆泵以其独特的优势成为海洋稠油热采的首选井筒举升方式。定子衬套作为螺杆泵的关键部件，井下的高温高压环境以及定转子之间的大摩擦扭矩等都会对其使用性能造成损伤，严重影响螺杆泵的工作效率和使用寿命。因此，研究衬套的损伤机理对提高螺杆泵使用寿命和可靠性有重要的意义。本书采用理论研究、试验研究、虚拟仿真、数值仿真相结合的研究方法，分析了螺杆泵的固有运动特性对衬套的损伤、高温稠油环境以及材料性能对定子衬套滞后生热的影响规律，得到以下结论。

(1)在转子的一个运动周期内，各点并不是时刻都与定子接触，转子上的每一个点在定子上都有其固定的接触位置。定子齿凸中点相较其余各点和转子的接触次数更多，并且都是在转子表面点滑动速度最大的时刻发生接触，这是造成该处磨损较快的原因。当螺杆泵的外形尺寸受限时，选择等距半径系数为2的结构参数设计螺杆泵可以有效改善衬套的磨损状况。

(2)氢化丁腈橡胶在 150℃的高温条件下仍然有较好的力学性能，但相较常温时性能下降明显。在 60℃以下时，橡胶材料的抗疲劳能力受温度影响较小，而当温度高于 60℃后，特别是在 60~90℃时，橡胶的耐疲劳性能会急剧下降。温度对橡胶材料的力学性能有较大影响。

(3)摩擦因数时变曲线出现波动现象是由橡胶本身的材料特性所决定的，同时稠油黏度不均、橡胶的滞后生热以及砂粒的运动等因素也是可能存在的原因。定子橡胶的摩擦因数随着工作载荷的增大而减小；其摩擦因数随着工作转速的增大和含砂量的增多，先增大后减小，并且在砂量为10%时达到最大，摩擦形貌较为复杂。

(4)橡胶在高温含砂稠油介质中的磨损机制有磨粒磨损、疲劳磨损，其中磨粒磨损是最主要的磨损形式。橡胶衬套的磨损失效机理主要表现为，由于摩擦力以及砂粒的微切削力作用，橡胶表层出现微观撕裂和变形；由于井下高温以及摩擦所产生的大量热影响作用，使橡胶表层发生氧化降解，进而导致橡胶表面形成熔融层，并且在摩擦力的作用下，熔融层被磨损掉。转子不停地运转，熔融层不断地形成并且不断地被磨损掉，导致橡胶因磨损而失效。

(5)用不同变形程度时的试验数据拟合橡胶应变能函数发现，在大变形状态下，Yeoh模型与实际试验数据更为接近，在小变形情况下 Mooney-Rivlin 模型与试验值拟合效果较好。对加热后的橡胶材料进行本构模型拟合时，Yeoh 模型和 Mooney-Rivlin 模型都与试验得到的应力应变曲线存在一定差距，但可以明显看出，Mooney-Rivlin 模型的应力应变曲线与试验值更加接近。

(6)等壁厚衬套的密封性能更好，但衬套与钢套的黏结部位更容易损坏。等壁厚衬套的整体稳定性好，在压力和温度变化范围较大的情况下依然能保持较小的形变。等壁厚衬套的最大位移量、剪切应力均小于常规衬套，具有更好的抗疲劳破坏和耐磨损性能。定子衬套在周期性载荷的作用下，除内部腔室会受到磨损外，与钢套黏结的衬套外壁面还会发生黏着磨损。摩擦因数、过盈量、工作压力等因素对衬套的磨损均有较大影响。

(7)两种类型的定子橡胶衬套的最高温升随着橡胶摩擦因数的增大而减小，但减小幅度较小，减小的主要原因是橡胶衬套摩擦生热的影响大于橡胶衬套滞后生热的影响，而且滞后生热影响所产生的热量被输送的稠油介质带走了；随着工作压差的增大，定子衬套的最高温升逐渐增大，并且工作压差越大，衬套的温升也就越高，并且会在定子衬套局部出现高温。

(8)通过分析相同条件下两种不同类型衬套的最高温升、最大应力和最大位移的数值变化可知，等壁厚定子衬套的性能远高于常规定子衬套的性能，因此，等壁厚定子衬套更符合海上稠油热采的工况，采用等壁厚定子衬套的螺杆泵能够延长螺杆泵的使用寿命、提高其工作效率。

(9)当仅考虑地层温度作为热源时，常规衬套的热膨胀主要集中在衬套圆弧凸起处，等壁厚衬套主要集中在圆弧凹陷处；当仅考虑稠油温度作为热源时，两种衬套的热膨胀主要都发生在衬套内壁圆弧凸起处。实际工况中两种热源联合作用时，常规衬套的最大热膨胀仍旧在圆弧凸起部位，等壁厚衬套则出现在圆弧凹陷处。常规衬套的热膨胀比等壁厚衬套严重，特别是当稠油温度较高时，将导致常规衬套的线型变形严重，定转子间的正确啮合被破坏，加快衬套的磨损并可能引发剧烈震动。

(10)在橡胶衬套滞后生热作用下，两种类型的定子衬套温升随着转子转速的增大呈线性增大，当转子转速达到 7rad/s 时，常规定子衬套的最高温升达到 94.15℃，等壁厚定子衬套的最高温升达到 47.52℃，最大热应力和最大位移均随转子转速的增大呈线性增大，常规定子衬套的最高温升、最大热应力和最大位移增大幅度均大于等壁厚定子衬套；随定转子之间过盈量的增大呈非线性增大，当过盈量从 0.1mm 增大到 0.5mm 时，常规定子衬套的最高温升增大了 147.88 倍，等壁厚定子衬套的最高温升增大了 732.11 倍。因此，选择合适的工作转速和合适的定转子过盈量，不但能降低定子衬套的温升，减小由于橡胶滞后生热的影响，还能提升螺杆泵的使用寿命和工作效率。

(11)均匀温度场中，常规定子衬套和等壁厚定子衬套的温度场、热应力场和位移场分布规律相同，二者的最高热应力均位于定子衬套内表面弧底处，最大位移均位于定子衬套内表面弧顶处，并且两种类型衬套的热应力和位移分布均沿着定子衬套内表面呈现周期性变化。

(12)非均匀温度场中，由于橡胶滞后生热的影响，常规定子衬套的温度场沿定子衬套圆周方向呈椭圆形分布，并且在椭圆沿着轴向方向向外依次递减的过程中，最高热应力位于常规定子衬套内表面的弧底处，最大位移位于常规定子衬套内表面的弧顶处；等壁厚定子衬套的温度场沿着定子衬套内部呈条状分布且分布均匀，最高温度出现在靠近衬套内表面一侧的弧顶，温度场分布与常规定子衬套不同。等壁厚定子衬套的最大热应力出现在衬套内表面的弧底处，最大位移出现在定子衬套内表面的弧顶处，其最大热应力和最大位移分布规律与常规定子衬套的分布相同。

(13)橡胶材料的泊松比和邵氏硬度也是影响橡胶材料性能的重要因素。定子衬套的最高温升、最大热应力和最大位移随着泊松比和邵氏硬度的增大而呈非线性减小，随着橡胶泊松比的增大，橡胶最终表现出线弹性特性，因此随着泊松比和硬度的增大，定子衬套的温升减小。

(14)通过橡胶生热试验及热集聚效应试验对工作过程中的螺杆泵定子衬套生热过程以及热积聚效应现象的观测发现，螺杆泵定子衬套由于滞后生热所形成的热量最终积聚在定子衬套短轴最厚部位。定子橡胶衬套的温升随着转子转速的增大而线性增大，生热试验分析结果验证了数值模拟分析方案的可行性以及分析结果的正确性。输送介质的不足会加大定转子之间的摩擦力，导致电机因扭矩不足而发生"烧泵"现象。

参 考 文 献

[1]杨宇，刘毅. 世界能源地理研究进展及学科发展展望[J]. 地理科学进展，2013，32（5）：818-830.

[2]马珍福，许萍，李涛，等. 潜油低速电机驱动螺杆泵举升技术[J]. 中国化工贸易，2013（8）：139-140.

[3]张凤久，姜伟，孙福街，等. 海上稠油聚合物驱关键技术研究与矿场试验[J]. 中国工程科学，2011（5）：28-33.

[4]周守为. 中国海洋石油开发战略与管理研究[D]. 成都：西南石油学院，2002.

[5]胡仲琴. 合作自营并举开发海上油气——中国海油近海油气田开发历程回顾[J]. 中国海上油气·地质，2002（3）：2-9.

[6]周守为. 海上油田高效开发技术探索与实践[J]. 中国工程科学，2009（10）：55-60.

[7]郝晶，王为民，李思宁，等. 稠油开采技术的发展[J]. 当代化工，2013（10）：1434-1436.

[8]明志军. 利用水平井蒸汽开采稠油技术[J]. 环球市场信息导报，2013（9）：143.

[9]李伟超，齐桃，管虹翔，等. 海上稠油热采井井筒温度场模型研究及应用[J]. 西南石油大学学报（自然科学版），2012，34（3）：105-110.

[10]张贤松，谢晓庆，何春百. 海上稠油油田蒸汽吞吐注采参数优化研究[J]. 特种油气藏，2015，22（2）：89-92.

[11]宫伟. 潜油电动螺杆泵应用技术研究[D]. 成都：西南石油学院，2004.

[12]Berton M，Allain O，Goulay C，et al. Complex fluid flow and mechanical modeling of metal progressing cavity pumps PCP[C]. SPE Heavy Oil Conference and Gxhibition Kuwait City，2011.

[13]He L，Gang C，Wei D，et al. The successful application of 2000 PCP wells in daqing oilfield[C].International Petroleum Technology Conference，2005.

[14]Haworth C. Updated field case studies on application and performance of bottom drive progressing cavity pumps[C]. Latin American and Caribbean Petroleum Engineering Conference Rio de Janeiro，Brazil，1997.

[15]Ranjbar K，Sababi M. Failure assessment of the hard chrome coated rotors in the downhole drilling motors[J]. Engineering Failure Analysis，2012，20（20）：147-155.

[16]韩冬. 浅谈采油方式及设备[J]. 中国化工贸易，2013（4）：103.

[17]李海芹. 电动潜油螺杆泵减速装置优化设计及虚拟建模[D]. 秦皇岛：燕山大学，2009.

[18]Ramos M，Brown J，Rojas M，et al. Producing extra-heavy oil from the orinoco belt，cerro negro area，venezuela，using bottom-drive progressive cavity pumps[J]. Spe Production & Operations，2007，22（2）：151-155.

[19]Sherstyuk A N，Trulev A V，Ermolaeva T A，et al. Features of the characteristics of submersible centrifugal oil pumps[J]. Chemical & Petroleum Engineering，2003，39（1-2）：23-26.

[20]吴怀志，管虹翔，何保生，等. 大排量螺杆泵技术在海上稠油油田的应用[J]. 科学技术与工程，2013，13（5）：1289-1292.

[21]孔倩倩. 电动潜油螺杆泵工况诊断方法研究[D]. 青岛：中国石油大学（华东），2009.

[22]冯新永. 浅谈螺杆泵采油工艺的合理应用[J]. 中国石油石化，2016（14）：6.

[23]何艳，姜海峰，孙延安. 等壁厚定子螺杆泵研究及应用前景探讨[J]. 石油机械，2003，31（2）：4-5.

[24]Dusseault M B. Cold heavy oil production with sand in the canadian heavy oil industry[C]. Alberta Government，2002.

[25]徐建宁，屈文涛. 螺杆泵采输技术[M]. 北京：石油工业出版社，2005.

[26]Nelik L B J. Progressing Cavity Pumps，Downhole Pumps and Mudmotors[M]. Houston：Gulf Publishing Company，2005.

[27]James F. Lea H V N M. Gas Well Deliquification，Second Edition[M]. USA，Texas：Gulf Professional Publishing，2008.

[28]徐建宁，屈文涛. 螺杆泵采输技术[M]. 北京：石油工业出版社，2006.

[29]张洪森，赵炜，李发荣. 螺杆泵应用发展 14 年[J]. 国外油田工程，2004(5)：21-23.

[30]王世杰，李勤. 潜油螺杆泵采油技术及系统设计[M]. 北京：冶金工业出版社，2006.

[31]张益，郭忠峰. 潜油螺杆泵采油技术发展概况[J]. 轻工科技，2013(6)：81-82.

[32]万邦烈. 苏联电动潜油单螺杆泵发展和应用[J]. 世界石油科学，1998(3)：89-96.

[33]Lea J F，Winkler H W，黄秀明，等. 国内外螺杆泵采油技术发展概况[J]. 国外油田工程，1996(6)：20-21.

[34]李泽汉. 螺杆泵采油技术探析[J]. 化工管理，2016(23)：187.

[35]管延收. 电潜螺杆泵采油系统的理论研究与应用分析[D]. 北京：中国石油大学，2008.

[36]徐文江，丘宗杰，张凤久. 海上采油工艺新技术与实践综述[J]. 中国工程科学，2011(5)：53-57.

[37]何希杰，劳学苏. 螺杆泵现状与发展趋势[J]. 水泵技术，2007(5)：1-5.

[38]万邦烈. 单螺杆式水力机械的研究和开发[J]. 石油矿场机械，1995(3)：14-19.

[39]万邦烈，刘猛. 单螺杆油气混输泵特性的试验研究[J]. 石油大学学报(自然科学版)，1991(1)：59-68.

[40]张亮. 等壁厚螺杆泵定子应力应变的有限元分析[D]. 沈阳：沈阳工业大学，2014.

[41]何庆旭. 基于 SolidWorks 二次开发的多头螺杆泵参数化建模及运动仿真[D]. 大庆：东北石油大学，2009.

[42]Lea J F，Winkler H W. What's new in artificial lift [J]. World Oil，1997，4(5)：31-36.

[43]廖开贵，李允，陈次昌. 采油螺杆泵研发新进展[J]. 石油石化节能，2006，22(10)：41-43.

[44]赵达. 螺杆泵数字转速测量系统的研制[D]. 哈尔滨：黑龙江大学，2008.

[45]张建伟. 井下采油单螺杆泵的现状及发展[J]. 石油机械，2000，28(8)：56-58.

[46]Wang Z，Zhang X，Zhang Y. Effect of dynamic vulcanization on nylon terpolymer/SAN/NBR blends[J]. Journal of Applied Polymer Science，2001，87(13)：2057-2062.

[47]Gu J，Jia D，Zhou Y，et al. Synergistic reinforcement of nano-CaCO3 and ZDMA to NBR[J]. Synthtrc Rubber Industry，2004.

[48]刘道春. 氢化丁腈橡胶新材料的发展动向探微[J]. 橡塑资源利用，2013(1)：8-14.

[49]韩传军，郑继鹏，叶玉麟，等. 双头单螺杆泵定子衬套热力耦合研究[J]. 中南大学学报(自然科学版)，2017，48(11)：2907-2912.

[50]韩传军，张杰，刘洋. 常规螺杆钻具定子衬套的热力耦合分析[J]. 中南大学学报(自然科学版)，2013，44(6).

[51]Zhou X Z，Shi G C，Cao G，et al. Three dimensional dynamics simulation of progressive cavity pump with stator of even thickness[J]. Journal of Petroleum Science & Engineering，2013，106(3)：71-76.

[52]Chen J，Wang F S，Shi G C，et al. Finite element analysis for adhesive failure of progressive cavity pump with stator of even thickness[J]. Journal of Petroleum Science & Engineering，2015(125)：146-153.

[53]杨秀萍，郭津津. 单螺杆泵定子橡胶的接触磨损分析[J]. 润滑与密封，2007，32(4)：33-35.

[54]操建平，孟庆昆，高圣平，等. 螺杆泵定子热力耦合的计算方法研究[J]. 力学季刊，2012，33(2)：331-338.

[55]金红杰，吴恒安，曹刚，等. 螺杆泵系统漏失和磨损机理研究[J]. 工程力学，2010，27(4)：179-184.

[56]曹刚，刘合，金红杰，等. 螺杆泵动力学热力耦合分析方法研究[J]. 计算力学学报，2010，27(5)：930-935.

[57]任彬，张树有. 双头单螺杆泵短幅内摆线型仿真优化技术[J]. 机械工程学报，2009，45(9)：144-151.

[58]任彬. 双头单螺杆泵运动仿真及结构参数优化[D]. 大庆：东北石油大学，2007.

[59]姜长鑫. 双头螺杆泵螺杆—衬套副的力学特性和线型研究[D]. 大庆：东北石油大学，2011.

[60]宋玉杰，温后珍，孟碧霞. 普通内摆线型单螺杆式水力机械密封性能研究[J]. 润滑与密封，2010，35(5)：51-54.

[61]程京都，王静，刘广山，等. 机械系统动态仿真技术[J]. 农家科技旬刊，2014(9)：1003-1019.

[62]姜士湖，闫相桢. 虚拟样机技术及其在国内的应用前景[J]. 机械，2003，30(2)：4-6.

[63]二代龙震工作室. SolidWorks+Motion+Simulation 建模/机构/结构综合实训教程[M](第2版). 北京：清华大学出版社，2009.

[64]Zhang M，Naibao H E，Song W. Kinematics simulation of 6-DOF platform based on SolidWorks motion[J]. Machine Design & Manufacturing Engineering，2016：36-39.

[65]朱家才，马业英，李桦. 非金属材料及其应用[M]. 武汉：湖北科学技术出版社，1992.

[66]汪凌燕. 天然橡胶与金属热硫化黏结机理及工艺参数优化研究[D]. 西安：西安电子科技大学，2010.

[67]Thavamani P，Khastgir D，Bhowmick A K. Microscopic studies on the mechanisms of wear of NR，SBR and HNBR vulcanizates under different conditions[J]. Journal of Materials Science，1993，28(23)：6318-6322.

[68]王磊磊，张新民. 填充橡胶摩擦磨损的研究进展[J]. 合成橡胶工业，2009，32(5)：429-434.

[69]Muhr A H，Roberts A D. Rubber abrasion and wear[J]. Wear，1992，158(1-2)：213-228.

[70]Schallamach A. Friction and abrasion of rubber[J]. Wear，1958，1(5)：384-417.

[71]王哲. 含砂原油介质中螺杆泵定子橡胶摩擦磨损行为研究[D]. 沈阳：沈阳工业大学，2013.

[72]中华人民共和国国家质量技术监督局.GB/T 528—2009 硫化橡胶或热塑性橡胶拉伸应力应变性能的测定[S]. 北京：中国标准出版社，2009.

[73]张秀娟，罗双椿，刘雨. 材料属性对货车轴承密封罩过盈联接的影响[J]. 大连交通大学学报，2015，36(s1)：78-82.

[74]Gent A N，Campion R P. Engineering with rubber：How to design rubber components[M]. New Jersey：Hanser Gardner Publications，Carl Hanser Publishers，2001.

[75]Mark J E，Erman B. Science and Technology of Rubber[M]. Amsterdam：(Third Edition)，2005.

[76]Zheng M，Cui Y，Sun F. Analysis of static temperature field of vehicle's solid rubber tire[J]. 北京理工大学学报(英文版)，1998，7(2)：135-140.

[77]宋义虎，杜淼，杨红梅，等. 橡胶材料的结构与黏弹性[J]. 高分子学报，2013(9)：1115-1130.

[78]杨晓翔. 非线性橡胶材料的有限元法[M]. 北京：石油工业出版社，1999.

[79]陈家照，黄闽翔，王学仁，等. 几种典型的橡胶材料本构模型及其适用性[J]. 材料导报，2015(s1)：118-120.

[80]Rivlin R S. Large Elastic Deformations of Isotropic Materials. I. Fundamental Concepts[M]. New York：Springer，1997.

[81]Dai H H. Model equations for nonlinear dispersive waves in a compressible Mooney-Rivlin rod[J]. Acta Mechanica，1998，127(1-4)：193-207.

[82]Seibert D J，Schöche N. Direct comparison of some recent rubber elasticity models[J]. Rubber Chemistry & Technology，2000，73(2)：366-384.

[83]Yeoh O H. Some forms of the strain energy function for rubber[J]. Rubber Chemistry & Technology，1993，66(5)：754-771.

[84]Yeoh O H. Characterization of elastic properties of carbon-black-filled rubber vulcanizates[J]. Rubber Chemistry & Technology，2012，63(5)：792-805.

[85]Muhr A H. Rubber abrasion and wear[J]. Wear，1992，1-2(158)：213-228.

[86]杨凤艳. 螺杆泵定子用丁腈基橡胶的摩擦磨损性能研究[D]. 沈阳：沈阳工业大学，2014.

[87]Schiavone P，Hibbeler R C. Engineering Mechanics Statics Twelfth Edition si Units Statics Study Pack Worldwide Edition[M]. Cambridge：Pearson Publishers，2010.

[88]庄苗，郭乙木，陶伟明. 线性与非线性有限元及其应用[M]. 北京：机械工业出版社，2005.

[89]杨秀萍，郭津津. 单螺杆泵定子橡胶的接触磨损分析[J]. 润滑与密封，2007(4)：33-35.

[90]Lv X R，Song S Y，Wang H M，et al. Effect of CO_2 gas on the swelling and tribological behaviors of NBR Rubber in water[J].

Journal of Materials Science & Technology，2015(12)：1282-1288.

[91]韩传军，郑继鹏，张杰，等. 不同高温浆体中螺杆钻具定子衬套的摩擦规律[J]. 中国机械工程，2016(14)：1948-1952.

[92]王世杰，吕彬彬，李勤. 潜油螺杆泵采油系统设计与应用技术分析[J]. 沈阳工业大学学报，2005(2)：121-125.

[93]Turner M J，Clough R W，Martin H C，et al. Stiffness and deflection analysis of complex structures[J]. Journal Aeronaut，1956(23)：805-823，854.

[94]刘浩，等. ANSYS 15.0 有限元分析从入门到精通[M]. 北京：机械工业出版社，2014.

[95]Desalvo G J，et al. ANSYS Engineering Analysis System-theoretical Manual(version5.3)[M]. Houston Swanson：Analysis System Inc.，1994.

[96]Frans H，Thorsten R. Latest technology equidistant power section increases overall performance of a workover motor[C]. SPE/ICOTA Coiled Tubing Conforence and Grhibition Houston Texas，2002.

[97]张亮. 等壁厚螺杆泵定子应力应变的有限元分析[D]. 沈阳：沈阳工业大学，2014.

[98]姜云晗，陈凤，薛剑茹. 等壁厚螺杆泵的研究与应用[J]. 钻采工艺，2005，28(6)：117-118.

[99]张劲，张士诚. 常规螺杆泵定子有限元求解策略[J]. 机械工程学报，2004，40(5)：189-193.

[100]石昌帅，杨启明，祝效华，等. 双头单螺杆泵定子衬套力学行为分析[J]. 中国机械工程，2014，25(9).

[101]Chen J，Wang F S，Shi G C，et al. Finite element analysis for adhesive failure of progressive cavity pump with stator of even thickness[J].Journal of Petroleum Science and Engineering，2015，125：146-153.

[102]杨世铭，陶文铨. 传热学(第四版)[M]. 北京：高等教育出版社，2006.

[103]金锡志. 机器磨损及其对策[M]. 北京：机械工业出版社，1996.

[104]杜秀华. 采油螺杆泵螺杆—衬套副力学特性及磨损失效研究[D]. 大庆：东北石油大学，2010.

[105]Han C J，Zhang J，Liang Z. Thermal failure of rubber bushing of a positive displacement motor：A study based on thermo-mechanical coupling[J]. Applied Thermal Engineering，2014(67)：489-493.

[106]魏纪德. 螺杆泵工作特性研究及应用[D]. 大庆：东北石油大学，2007.

[107]Belhocine A，Bouchetara M. Thermal–mechanical coupled analysis of a brake disk rotor[J]. Heat and Mass Transfer，2013，49(8)：1167-1179.

[108]何燕. 轮胎非稳态温度场的研究[D]. 武汉：华中科技大学，2005.

[109]何燕，马连湘，黄素逸. 双热源作用下轮胎非稳态温度场的研究[J]. 轮胎工业，2007(8)：451-454.

[110]迟博. 螺杆马达定子衬套热力耦合数值分析研究[D]. 成都：西南石油大学，2015.

[111]Wu J F，Gao W. The finite element analysis of two line types of three-thread single-screw pump[J]. Advanced Materials Research，2011，204-201：1175-1179.

[112]张英,魏敏,郑慕侨. 橡胶和聚氨酯模型负重轮温升特性的有限元分析及对比试验[J]. 北京理工大学学报,2005(3):198-201.

[113]He Y，Ma L X，Huang S. Convection heat and mass transfer from a disk[J]. Heat and Mass Transfer，2005，41(8)：766-772.

[114]颜卫卫. 基于有限元分析的聚氨酯实心轮胎散热结构研究[D]. 广州：华南理工大学，2014：21-23.

[115]魏存祥，陈次昌. 双头单螺杆潜油泵橡胶衬套-热耦合模拟研究[J]. 水泵技术，2009(2)：15-17.

[116]孔祥谦. 有限元单元法在传热学中的应用[M]. 北京：科学出版社，1998.

[117]张劲，张士诚.常规螺杆泵定子有限元求解策略[J]. 机械工程学报，2004，40(5)：189-193.

[118]龚建春，魏存祥. 双头单螺杆泵衬套力热耦合模拟研究[J]. 机械设计与制造，2009(6)：128-130.

[119]吴梵，宋世伟. 材料硬度对 C 形密封圈密封能力的影响研究[J]. 船舶工程，2010(6)：68-71.

[120]刘健，仇性启，薄万顺，等. 橡胶 O 形密封圈最大接触压力数值分析[J]. 润滑与密封，2010(1)：41-44.